电力信息技术产业

发展报告 2020

——区块链分册

EPTC 电力信息通信专家工作委员会　组编

中国水利水电出版社
www.waterpub.com.cn
·北京·

内 容 提 要

　　随着"云大物移智链"等新一代信息通信技术的快速发展，能源革命与数字革命相融并进，电网企业正加速向数字化转型。在新型基础设施建设和国网公司数字新基建的推动下，电力信息通信领域的科技创新不断涌现。作为电力信息通信领域的专业研究机构，EPTC电力信通智库推出《电力信息技术产业发展报告 2020》，本报告围绕电力行业数字化、网络化、智能化转型升级，聚焦大数据、人工智能、区块链专业方向，从宏观政策环境、技术产业发展现状及存在的问题、业务应用需求及典型业务应用场景、关键技术研发方向、基于专利的企业创新力研究、创新产品与创新应用解决方案、技术产业发展建议等方面展开研究，以技术结合实际案例的形式多视角、全方位展现信息技术和电力行业融合发展带来的创新和变革，为电力行业向能源互联网转型以及融合创新提供重要参考依据。

　　本报告能够帮助读者了解电力信息技术产业发展现状和趋势，给电力工作者和其他行业信息技术相关工作的研究人员和技术人员在工作中带来新的启发和认识。

图书在版编目（CIP）数据

电力信息技术产业发展报告. 2020：大数据分册、
区块链分册、人工智能分册 / EPTC电力信息通信专家工
作委员会组编. -- 北京：中国水利水电出版社，
2020.12
　　ISBN 978-7-5170-9293-3

　　Ⅰ．①电… Ⅱ．①E… Ⅲ．①信息技术－应用－电力
系统－研究报告－中国－2020 Ⅳ．①TM769

中国版本图书馆CIP数据核字(2020)第266480号

书　　名	**电力信息技术产业发展报告 2020** **（大数据分册、区块链分册、人工智能分册）** DIANLI XINXI JISHU CHANYE FAZHAN BAOGAO 2020 （DASHUJU FENCE、QUKUAILIAN FENCE、RENGONG ZHINENG FENCE）
作　　者	EPTC电力信息通信专家工作委员会　组编
出版发行	中国水利水电出版社 （北京市海淀区玉渊潭南路1号D座　100038） 网址：www.waterpub.com.cn E - mail：sales@waterpub.com.cn 电话：（010）68367658（营销中心）
经　　售	北京科水图书销售中心（零售） 电话：（010）88383994、63202643、68545874 全国各地新华书店和相关出版物销售网点
排　　版	中国水利水电出版社微机排版中心
印　　刷	天津嘉恒印务有限公司
规　　格	184mm×260mm　16开本　26.25印张（总）　622千字（总）
版　　次	2020年12月第1版　2020年12月第1次印刷
印　　数	0001—2000册
总 定 价	**128.00元**（全3册）

《电力信息技术产业发展报告 2020》编委会

主　　任：张少军　蒲天骄　王　栋

副 主 任：贺惠民　白敬强　梁志琴

委　　员：李运平　苏　丹　那琼澜　玄佳兴　王新迎　彭国政

　　　　　张国宾　范金锋　张东霞　林为民　卢卫疆　林志达

　　　　　胡　军　杨红鹏　高　伟

主编单位：国网冀北电力有限公司信息通信分公司

　　　　　中国电力科学研究院有限公司

　　　　　国网区块链科技（北京）有限公司

　　　　　中能国研（北京）电力科学研究院

《区块链分册》编委会

主　　编：王　栋

副主编：玄佳兴　白敬强　梁志琴　娄　竞

编　　委：李国民　吕佳宇　庞思睿　薛　真　赵庆凯　高　伟

　　　　　于晓昆　刘田秦　何昇轩　高　原　杨映日　陈显龙

　　　　　刘满君　石可馨　王心妍　鲁　静　郭少勇　唐　凡

　　　　　李　军　崔维平　高若天　彭　涛　裴庆祺　沈雪晴

　　　　　颜　拥　孙　优　陆继钊　李　东　张　静　李　坚

　　　　　宁　卜　吴　佳　杨　峰　尚芳剑　吕国远　刘　刚

　　　　　张　旭　李　彬　王鹏凯　郑　伟　韩　允　刘　曈

　　　　　周　玥　王静静　刘　静　李瑞雪　朱　瑛　韩瑞芮

　　　　　何日树　王　孜　翟　钰　王晓彤

编写单位：国网区块链科技（北京）有限公司

　　　　　国网冀北电力有限公司信息通信分公司

　　　　　中能国研（北京）电力科学研究院

　　　　　北京电链科技有限公司

　　　　　北京恒华伟业科技股份有限公司

　　　　　国网河南省电力公司信息通信公司

前　言

习近平主席在联合国大会上表示："二氧化碳排放力争于 2030 年前达到峰值，争取在 2060 年前实现碳中和。"在"双碳承诺"的指引下，能源转型是关键，最重要的路径是使用可再生能源，减少碳排放，提升电气化水平。可以预见，未来更为清洁的电力将作为推动经济发展、增进社会福祉和改善全球气候的主要驱动力，其重要性将会日益凸显，电能终将实现对终端化石能源的深度替代。

十九届五中全会提出"十四五"目标强调，实现能源资源配置更加合理，利用效率大幅提高，推进能源革命，加快数字化转型。可见，数字化是适应能源革命和数字革命相融并进趋势的必然选择。当前，我国新能源装机及发电增长迅速，电动汽车、智能空调、轨道交通等新兴负荷快速增长，未来电网将面临新能源高比例渗透和新兴负荷大幅度增长带来的冲击波动，电网正逐步演变为源、网、荷、储、人等多重因素耦合的，具有开放性、不确定性和复杂性的新型网络，传统的电网规划、建设和运行方式将面临严峻挑战，迫切需要构建以新一代信息通信技术为关键支撑的能源互联网，需要电力、能源和信息产业的深度融合，加快源-网-荷-储多要素相互联动，实现从"源随荷动"到"源荷互动"的转变。

近年来，随着智能传感、5G、大数据、人工智能、区块链、网络安全等新一代信息通信技术与能源电力深度融合发展，打造清洁低碳、安全可靠、泛在互联、高效互动、智能开放的智慧能源系统成为发展的必然趋势，新一代信息通信技术将助力发电、输电、变电、配电、用电和调度等产业链上下游各环节实现数字化、智能化和互联网化，带动电工装备制造业升级、电力能源产业链上下游共同发展，有效促进技术创新、产业创新和商业模式创新。

EPTC 信通智库是专注于电力信息通信技术创新与应用的新型智库平台，秉承"创新融合、协同发展、让智慧陪伴成长"的价值理念，面向能源电力行业技术创新与应用的共性问题，聚焦电力企业数字化转型过程中的痛点需求，关注电力信息通信专业人员职业成长，广泛汇聚先进企业创新应用实践和优秀成果，为企业及技术工作者提供平台、信息、咨询和培训四大价值服务，推动能源电力领域企业数字化转型和数字产业化高质量发展。

为了充分发挥 EPTC 信通智库的组织平台作用，围绕新一代信息通信技术在能源电力领域的融合应用及产业化发展需求，精选传感、5G、大数据、人工智能、区块链、网络安全六个新兴技术方向，从宏观政策环境分析、产业发展概况、技术发展现状分析、业务应用需求和典型应用场景、关键技术分类及重点研发方向、基于专利的企业技术创新力评价、新技术产品及应用解决方案、技术产业发展建议等方面，组织编制了电力信息通信技术产业发展报告 2020 系列专题报告，集合专家智慧、融通行业信息、引领产业发展，希望切实发挥智库平台的技术风向标、市场晴雨表和产业助推器的作用。

本报告适合能源、电力行业从业者，以及信息化建设人员，帮助他们深度了解电力行业数字化转型升级的关键技术及典型业务应用场景；适合企业管理者和国家相关政策制定者，为支撑科学决策提供参考；适合关注电力信息通信新技术及发展的人士，有助于他们了解技术发展动态信息；可以给相关研究人员和技术人员带来新的认识和启发；也可供高等院校、研究院所相关专业的学生学习参考。

特别感谢 EPTC 电力信息通信专家工作委员会名誉主任委员李向荣先生等资深专家的顾问指导，感谢报告编写组专家们的撰写、修改，以及出版社老师们的编审、校对等工作，正是由于你们的辛勤付出，本报告才得以出版。由于编者水平所限，难免存在疏漏与不足之处，恳请读者谅解并指正。

编者

2020 年 12 月

目 录

图目录

表目录

第1章
宏观政策环境分析

1.1 区块链产业政策分析

区块链（Block chain）是一种新兴网络信息技术，是基于技术构建的信任机制，基于合约和规则达成的多节点共识，基于机器驱动的价值自动化流通的新兴网络信息技术，将极大地改变当前社会的商业模式，进而引发新一轮的技术创新和产业变革，为数字经济带来新的活力。全球正在掀起一股基于区块链技术的创新热潮。区块链技术带动经济和产业格局的重大调整，将是中国实现跨越式发展，在国际分工中占据有利地位的重大转折机遇。

2018年5月，习近平总书记在两院院士大会上的讲话中指出："以人工智能、量子信息、移动通信、物联网、区块链为代表的新一代信息技术加速突破应用。"2019年中共中央政治局就区块链技术发展现状和趋势进行第十八次集体学习，习近平总书记在主持会议时强调，区块链技术的集成应用在新的技术革新和产业变革中起着重要作用，要把区块链作为核心技术自主创新的重要突破口。明确主攻方向，加大投入力度，着力攻克一批关键核心技术，加快推动区块链技术和产业创新发展。

在政策、技术、市场的多重推动下，作为"价值互联网"基石的区块链技术正在加速与实体经济融合，助力高质量发展，对我国探索共享经济新模式、建设数字经济产业生态、提升政府治理和公共服务水平具有重要意义。与此同时，区块链相应的监管政策和技术标准也正在加快推进，结合实际应用场景，共同构建形成行业健康发展的产业生态。

1.1.1 国家大力开展区块链前沿技术布局和试点应用推广

虽然区块链还处于理论结合实际的尝试阶段，但区块链未来应用前景广阔，从国家已经出台的相关扶持政策分析，政府对该产业非常重视并给予了一定的财政支持。

从具体政策层面来看，2016年国务院将"区块链"首次作为战略前沿技术写入《"十三五"国家信息化规划》（国发〔2016〕73号），强化战略性前沿技术超前布局；工信部发布《中国区块链技术和应用发展白皮书（2016）》指导产业的发展方向；2017年1月，工业和信息化部发布《软件和信息技术服务业发展规划（2016—2020年）》（工信部规〔2016〕425号），提出区块链等领域创新达到国际先进水平等要求；2017年8月，国务院

1

发布《关于进一步扩大和升级信息消费持续释放内需潜力的指导意见》（国发〔2017〕40号），提出开展区块链、人工智能等新技术的试点应用。2020 年 4 月，国家发展和改革委员会首次将新型基础设施范围框定在信息基础设施、融合基础设施和创新基础设施三方面，区块链更是与人工智能、云计算等一起作为代表被确立为"新基建"的新技术基础设施范畴。这也是区块链技术基础设施首次被国家层面明确为新型基础设施，将有利于区块链自身技术体系得到进一步丰富、发展和完善，也将有利于快速推进区块链的标准化工作，使其能够向上层应用提供稳定可预期、可推广复制的规模化服务，助力区块链在更多场景、行业和产业中得到应用。

1.1.2 各地政府持续推动区块链创新发展以及融合发展

当前，北京、上海、广东、重庆、河北（雄安）、江苏、浙江、贵州、山东、江西、广西、海南等多地已经发布了区块链相关政策和指导意见，多个省（自治区、直辖市）将区块链列入本省（自治区、直辖市）"十三五"战略发展规划，开展对区块链产业链布局，为区块链产业的发展提供了政策基础（表 1-1）。

表 1-1 区块链产业主要政策

颁布时间	颁布主体	政 策 名 称	文件号	关键词（句）
2019 年	国家网信办	《区块链信息服务管理规定》	国家互联网信息办公室令第 3 号	规定了区块链信息服务的基准守则
2017 年	工业和信息化部	《软件和信息技术服务业发展规划（2016—2020 年）》	工信部规〔2016〕425 号	区块链等领域创新达到国际先进水平
	中国人民银行	《中国金融业信息技术"十三五"发展规划》	银发〔2017〕140 号	积极推进区块链、人工智能等新兴技术的应用研究
	国务院	《关于进一步扩大和升级信息消费持续释放内需潜力的指导意见》	国发〔2017〕40 号	开展区块链、人工智能等新技术的试点应用
	国务院办公厅	《关于积极推进供应链创新与应用的指导意见》	国发办〔2017〕84 号	利用区块链、人工智能等新兴技术，建立基于供应链的信用评价机制
2016 年	工业和信息化部	《中国区块链技术和应用发展白皮书（2016）》	—	中国区块链技术发展路线图、未来区块链技术标准化方向和进程
	国务院	《国务院关于印发"十三五"国家信息化规划的通知》	国发〔2016〕73 号	"区块链"首次被作为战略性前沿技术写入"十三五"发展规划

（数据来源：赛迪顾问，2020 年 7 月）

其中北、上、广、深、浙政策倾向于金融领域的应用，北京将区块链发展列入"十三五"金融业发展规划，积极推动影响金融科技功能应用的底层技术发展，出台中关村互联网金融综合试点方案，推动中关村区块链联盟设立。广州在 2017 年 12 月正式发布了广州区块链 10 条策略，在黄埔区和开发区打造区块链企业技术创新区。深圳在 2018 年 3 月由深圳市经济贸易和信息化委员会发布《市经贸信息委关于组织实施深圳市战略新兴产业新一代信息技术信息安全转型 2018 年第二批扶持计划的通知》(深经贸信息信安字〔2018〕70 号)，区块链在扶持方向之列。江苏倾向于实体领域的应用，如南京发布的《互联网＋政务服务＋普惠金融便民服务应用协同区块链支撑平台项目方案》，该方案利用区块链技术打通了政府各部门政务系统与各银行业务系统。青岛出台《青岛市市北区人民政府关于加快区块链产业发展的意见（试行）》(青北政发〔2017〕14 号)，建立青岛链湾研究院，支持区块链创新型发展。区块链不仅在东部发达地区得到重点扶持，重庆、贵阳、云南等西南地区同样将区块链作为产业转型升级、经济弯道超车的重要抓手。在各地政策鼓励和扶持下，区块链技术应用层面不断拓展，行业生态初步成形，正在从各个领域助力实体经济高质量发展。

1.2 区块链标准化

1.2.1 标准化的作用

区块链标准化能打通应用通道，防范应用风险，提升应用效果，对于解决区块链发展中遇到的问题、推进区块链应用起到重要作用。为了把区块链作为核心技术自主创新的重要突破口，促进区块链应用的有序、健康和长效发展，必须加强区块链标准化研究，不断提升国际话语权和规则制定权。

按照国际标准化组织（ISO）的分析，标准对促进经济社会发展的贡献是巨大的。例如，在英国，标准每年对 GDP 的贡献高达 82 亿美元；在加拿大，自 1981 年以来，标准的应用为经济增长贡献了 910 亿美元。开展区块链标准化工作的好处主要体现在下述几个方面。

（1）对企业来说，标准是解决区块链商业化应用过程中面临最大挑战的战略工具和指南，并能确保业务高效运营、提高生产率，帮助企业拓展新兴市场。具体体现在以下几点：

1）降低成本。通过标准统一社会对区块链的认识，统一底层开发平台和应用编程接口，促进不同区块链系统的互操作和改进业务流程，从而实现降低成本的目的。

2）提高客户满意度。通过标准提高区块链系统的安全和服务质量，优化服务流程，从而提高客户满意度。

3）拓展新市场。通过标准提高区块链的相关产品和服务的通用性，能有效拓展企业市场。

（2）对用户来说，区块链相关的产品和服务符合标准，意味着是安全的、可靠的和高质量的。

（3）对政府来说，标准是制定政策和加强市场监管的重要依据，对提高政策水平和对外开放水平具有重要作用。

1.2.2　区块链领域标准化

在国际层面，2016 年以来，随着区块链技术和应用的快速发展，国际标准化组织纷纷研究或启动区块链标准化相关工作。

2016 年 9 月，ISO 成立了区块链和分布式记账技术委员会（ISO/TC 307），主要工作范围是制定区块链和分布式记账技术领域的国际标准，以及与其他国际性组织合作研究该领域的标准化问题。截至 2020 年 7 月，ISO/TC307 已成立了 5 个工作组（包括：基础工作组；安全、隐私和身份工作组；智能合约及其应用工作组；治理工作组；用例工作组），1 个研究组（互操作研究组），1 个联合工作组（区块链和分布式记账技术与 IT 安全技术），1 个专题讨论组（分布式账本系统审核指南），1 个召集协调小组和 2 个顾问组。2017 年下半年以来，ISO/TC 307 加快推动基础、智能合约、安全、隐私保护、身份和互操作等方向重点标准项目的研制工作。截至 2020 年 7 月，已发布 2 项国际标准，另有术语、参考架构、分类和本体等 9 项国际标准正在制订中。11 项国际标准项目的开展，将有助于打通不同国家、行业和系统之间的认知和技术屏障，防范应用风险，为全球区块链技术和应用发展提供重要的标准化依据。我国积极参与 ISO/TC307 工作，分别承担《分类和本体》（*Taxonomy and Ontology*）的编辑和《参考架构》（*Reference Architecture*）的联合编辑，并牵头区块链数据流动和数据分类相关课题的研究工作。

电气电子工程师学会标准协会（IEEE - SA）于 2017 年启动了在区块链领域的标准和项目探索。成立了计算机协会区块链和分布式记账标准委员会，已立项 P2418.2 区块链系统数据格式等十几项标准。目前，《区块链在物联网中的应用框架》《区块链系统的标准数据格式》《分布式记账技术在农业中的应用框架》《分布式记账技术在自动驾驶载具（CAVS）中的应用框架》《区块链在能源领域的应用》《分布式记账技术在医疗与生命及社会科学中的应用框架》等几十项标准已立项。其中，《区块链系统的标准数据格式》由中国专家牵头。此外，IEEE - SA 还同步开展了区块链技术在数字惠普、数字身份、资产交易及互操作等方向的标准化研究。

W3C 启动了 3 个区块链相关的社区组来开展区块链标准化活动，分别为：①区块链社区组，主要研究和评价与区块链相关的新技术及用例（如跨银行通信），基于 ISO 20022 创建区块链的消息格式，并孵化 FlexLedger 项目，重点关注区块链间的数据交互性；②区块链数字资产社区组，主要讨论在区块链上创建数字资产的 Web 规范；③账本间支付社区组，目标是连接世界范围的多个支付网络。

国际电信联盟标准化组织（ITU - T）于 2017 年年初先后启动了区块链领域的标准化工作。SG16、SG17 和 SG20 第 3 个研究组分别启动了分布式账本的总体需求、安全以及在物联网中的应用研究。此外，还成立了 3 个与区块链相关的焦点组，分别为分布式账本焦点组、数据处理与管理焦点组和法定数字货币焦点组。

在国内层面，自 2016 年以来，国内相关机构、标准化组织加快开展区块链领域的重点标准研制，按照"急用先行、成熟先上"的原则，采用团体标准先行，带动国家标准、行业标准研制的总体思路，目前已在参考架构、数据、应用等方面取得了一系列进展。国家标准方面，已立项研制信息技术、区块链和分布式记账技术、参考架构等 3 项国家标准；行业标准方面，在工业、金融、司法、通信等行业已立项研制近 10 项标准；团体标准方面，中国电子工业标准化技术协会、中国软件行业协会等行业组织已研制发布数据格式规范、隐私保护等多项标准。为统筹开展国内区块链标准化工作，工业和信息化部、市场监管总局积极推动筹建全国区块链和分布式记账技术标准化技术委员会，将主要负责建设、管理国内区块链技术标准体系。

1.2.3　电力区块链标准化

能源区块链标准应用领域，国外主要以 ITU – T（国际电信联盟电信标准分局）和 IETF（Internet Engineering Task Force，国际互联网工程任务组）在分布式能源计量、分布式能源交易等细分业务领域开展部分标准研究。随着区块链标准的推进，逐步发现能源领域尤其是电力领域应用的区块链有一定的特殊性，强烈需要在 DLT（Distributed Ledger Technology，布式账本技术）区块链能源垂直领域创建标准。IEEE – SA 于 2018年 9 月批准了 P2418.5 能源区块链标准的立项。该标准拟为能源行业的区块链提供一个开放、通用且可互操作的参考框架模型。该标准涵盖 3 个方面的内容：①作为电力行业中区块链用例的指南，包括石油和天然气行业以及可再生能源行业及其相关服务；②通过建立开放的协议和技术不可知的分层框架，为能源领域的区块链应用创建关于参考架构、操作性、术语和系统接口的标准；③通过分析能源行业的共识算法、智能合约和区块链实施类型等，评估并提供有关可扩展性、性能、安全性和互操作性的指南。

IEEE PES 中国区于 2020 年 11 月 27 日成立了 IEEE PES 电力系统通信与网络安全技术委员会（中国）及下属电力信息通信大数据技术、电力信息通信人工智能技术、电力信息通信区块链技术等 8 个技术分委员会。国网区块链科技（北京）有限公司承担电力信息通信区块链技术分委会秘书处工作，致力于区块链核心技术自主创新、标准引领、成果应用、人才培养和行业生态构建。

国家电网有限公司专门部署推动标准制定，加强能源电力区块链标准体系研究编制，争取行业标准制定主导权。拟成立中国电力企业联合会能源区块链标准化技术委员会，负责能源区块链应用的标准体系建设、标准制定/修订、标准解释等标准化工作，重点开展基础、电动汽车、能源交易、综合能源、虚拟电厂、绿证交易、电力安全、信息安全等方面标准的制定和推广。国家电网有限公司已组织开展电力区块链技术导则、存证应用指南、数据格式规范、智能合约规范、跨链实施指南、隐私保护规范、密码应用指南等 7 个方面的电力区块链企业标准研制工作。

1.3　电力企业战略发展方向

"十四五"时期将是我国全面落实高质量发展要求，深入推进能源生产和消费革命的关键时期。科学谋划未来 5 年电力领域数字技术创新和发展，对推动能源转型升级、实现电力工业高质量发展、保障经济社会持续健康发展具有重要意义。当前，能源电力处在转方式、调结构、换动力的重要阶段，可再生能源比例将持续增长，应用"云大物移智链"等技术成为电力行业发展的重点，对提升电力系统调节能力，提高电力系统整体效率，夯实电力安全保障能力具有积极作用，电力行业和电力企业的数字化、智能化、智慧化发展成为未来趋势。

面对新时期、新要求，能源电力企业应加强对区块链技术创新和应用的政策支持和资金支持，优化区块链技术布局，大力拓展区块链在能源电力领域的新业务、新业态、新模式，探索打造能源领域具有影响力的行业级区块链服务平台。结合当前形势，电力企业在区块链领域主要有以下发展方向。

1.3.1 把握未来重要窗口期，以"区块链＋能源"场景为突破口

近年来，区块链政策的重点逐步由支持区块链技术创新和应用向区块链产业倾斜，且一些地市逐渐出台区块链专项政策。2020 年上半年，湖南、江苏、贵州、海南四省，以及北京、广州、长沙、福州、宁波、南京、泉州、上海八市先后发布了支持区块链发展专项政策，从政策应用方向来看，政务是发展的重点。面对历史机遇期，电力企业宜主动围绕能源与政务融合场景，以政府行动计划为参照，开展"区块链＋能源"落地应用。

1.3.2 加强技术自主创新，探索构建行业级区块链公共服务平台

当前，数字经济飞速发展，国家鼓励区块链技术的自主研发和创新，支持行业龙头企业牵头行业技术标准与安全标准的研究制定，重视行业级区块链平台服务实体经济。面对政策机遇，电力企业宜把握区块链技术发展趋势，加强区块链核心应用技术攻关，优化区块链公共服务平台架构，将电力区块链建成国家级能源区块链基础设施，加强与外部政务链、央企链、行业链的互联互通，形成行业级的区块链公共平台，筑牢电力区块链产业发展根基。

1.3.3 优化治理模式，主动与监管机构区块链平台开展对接

国家一方面加大对区块链产业的政策扶持，另一方面也逐步强化对其监管，并鼓励和支持以监管机构为主导的合规区块链发展。现阶段，监管科技加快技术转型迭代，监管治理范式将不断得到优化，以链治链、沙盒监管等理念和技术方式受到能源监管机构广泛关注。电力企业宜主动布局区块链治理模式和监管技术研究，加强与政府、监管机构在区块链平台方面的合作，争取将政府、监管机构等作为节点纳入到行业区块链平台中，扩大区块链平台的影响力和公信力。

1.3.4 注重实践引领，积极打造能源电力领域区块链示范工程

自中央政治局就区块链技术发展现状和趋势进行第十八次集体学习之后，区块链在能源领域的应用呈爆发之势，但是目前尚未形成典型示范工程。在政府和科研机构的支持下，国外开展了能源区块链示范工程建设。例如，欧盟第七框架计划、澳大利亚首届智慧城市和郊区计划等都对能源区块链项目进行了资助与支持，并取得良好成效。未来，电力企业应在能源交易、能源金融、能源政务等领域打造一批优质的区块链示范工程，带动能源区块链产业快速发展。

1.3.5 加强领域内外部合作，推动能源电力区块链产业化发展

区块链技术能将跨行业、跨产业的数据、技术、知识等资源有效整合，建立一个面向能源领域的信任新时代，对能源互联网的构建和发展意义重大。在此背景下，能源电力企业应发挥平台优势，加强与产业链上下游企业、高等院校、科研机构、科技企业的合作，构建开放式创新与应用平台，探索价值共创共享机制，瞄准能源产业发展，打造以区块链技术为核心的能源数字生态。

第2章
电力区块链产业发展概况

2.1 区块链产业链全景分析

2.1.1 去中心化是区块链技术的主要特征

区块链作为强调去中心化的点对点网络、密码学、共识机制、智能合约等多种技术的集成创新，提供了一种在不可信网络中进行信息与价值传递交换的可信通道，它起源于 2008 年中本聪发表的论文"Bitcoin：A - Peer - to - Peer Electronic Cash System"。具体来说，区块链系统以区块（Block）为单位存储数据，并按照时间顺序结合密码学等算法形成链条的数据结构，通过共识机制选出记录节点，由该节点决定最新区块的数据，其他节点共同参与最新区块数据的验证、存储和维护，数据一经确认就难以删除和更改，只能进行授权查询操作。

区块链利用密码学保护了数据的传输和使用安全，是利用自动化脚本代码智能合约来编程和操作数据的一种全新的去中心化的基础架构与分布式计算范式，解决了不依靠中心机构、在完全无信任基础的前提下如何建立信任机制的问题。不依靠中心机构完成社会价值转移，可以改变现有的社会价值转移方式。

从广义上来讲，区块链是以区块结构存储数据、多方维护、使用密码学技术保证传输和访问的实现数据存储的技术体系，代表了目前火热的比特币、以太坊背后的一种去中心化记录技术。从狭义上来讲，指的是以区块连接而成的链式数据存储方式。

2.1.2 算力提升是基础硬件层的主要发力点

基础硬件层是区块链技术发展的重要支撑部分，包括运算服务层和终端层，算力提升是其发展的主要发力点。其中，运算服务层由数据中心和数字货币矿机组成，终端层由各类 IOT 设备和软终端构成。在基础硬件层中，数字货币矿机的创新和发展主要围绕芯片算力提升而展开，从最初的 CPU、GPU 到 ASIC 专用芯片，算力提高了数万倍。当前，ASIC 芯片生产制程已由 2014 年的 28nm 进化到 7nm，显著提高了矿机的挖矿效率、降低了芯片制造成本。

2.1.3 软科学层成为区块链核心技术突破口

区块链软科学层主要包括协议层和平台层，因其处于产业链"承上启下"的关键节点，对区块链产业信息一致性、安全性、扩展性等起到不可替代的作用，成为区块链核心技术突破口。

共识机制、技术标准、加密技术及智能合约是区块链协议层重点组成部分。其中，共识机制是区块链网络最核心的秘密，是区块链节点就区块信息达成全网一致共识的机制，可以保证最新区块被准确添加至区块链、节点存储的区块链信息一致不分叉甚至可以抵御恶意攻击。当前主流的共识机制包括工作量证明（Proof of Work，POW）、权益证明（Proof of Stake，POS）、工作量证明与权益证明混合（POS＋POW）、股份授权证明（Delegated Proof-of-Stake，DPOS）、实用拜占庭容错（PBFT）、瑞波共识协议等，根据适用场景的不同，也呈现出不同的优势和劣势。其中比特币使用的是工作量证明机制。加密技术则主要包括哈希算法、非对称加密等内容。智能合约是一种旨在以信息化方式传播、验证或执行合同的计算协议，参与方将共同约定的条款通过智能合约的方式转化为计算机自动执行程序，它通过密码学及其他数字安全机制，将传统的合约条款的制定和履行方式置于计算机技术之下，并降低了相关成本。智能合约允许在没有第三方的情况下进行可信交易，这些交易可追踪且不可逆转。其目的是提供优于传统合同方法的安全，并减少与合同相关的其他交易成本。智能合约具有高时效性、低成本性、高准确性等优点，但是目前智能合约的深入研究与应用仍在不断探索中，潜在风险依然存在。

私有链、公有链和联盟链是区块链平台层的重点组成部分。平台层中的联盟链和私有链具有易部署、易维护、运行成本低、交易速度快和可扩展性强等特点，可加快企业间或企业内部支付、结算、清算等业务流程。相对于公有链，联盟链和私有链更易落地，当前国内外银行等重要金融机构大部分已开展联盟链应用测试。

2.1.4　区块链为新一代信息技术带来新发展机遇

区块链技术作为一种协议技术，能够保障交易过程透明化、溯源化，在应用服务方面的推广为新一代信息技术带来新的发展机遇。区块链已经由开始的金融延伸到物联网、医疗、供应链管理、能源、教育、法律等多个领域，目前金融、供应链等领域的区块链技术运用已经相对成熟，未来区块链与实体经济进一步融合将成为主旋律，并为云计算、大数据、承载网络等新一代信息技术大发展带来新的机遇。

区块链产业链全景图如图 2-1 所示，区块链产业链企业图谱如图 2-2 所示。

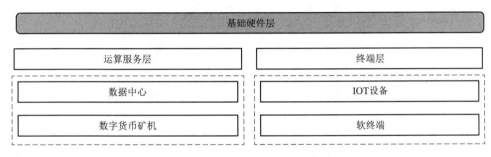

图 2-1（一）　区块链产业链全景图

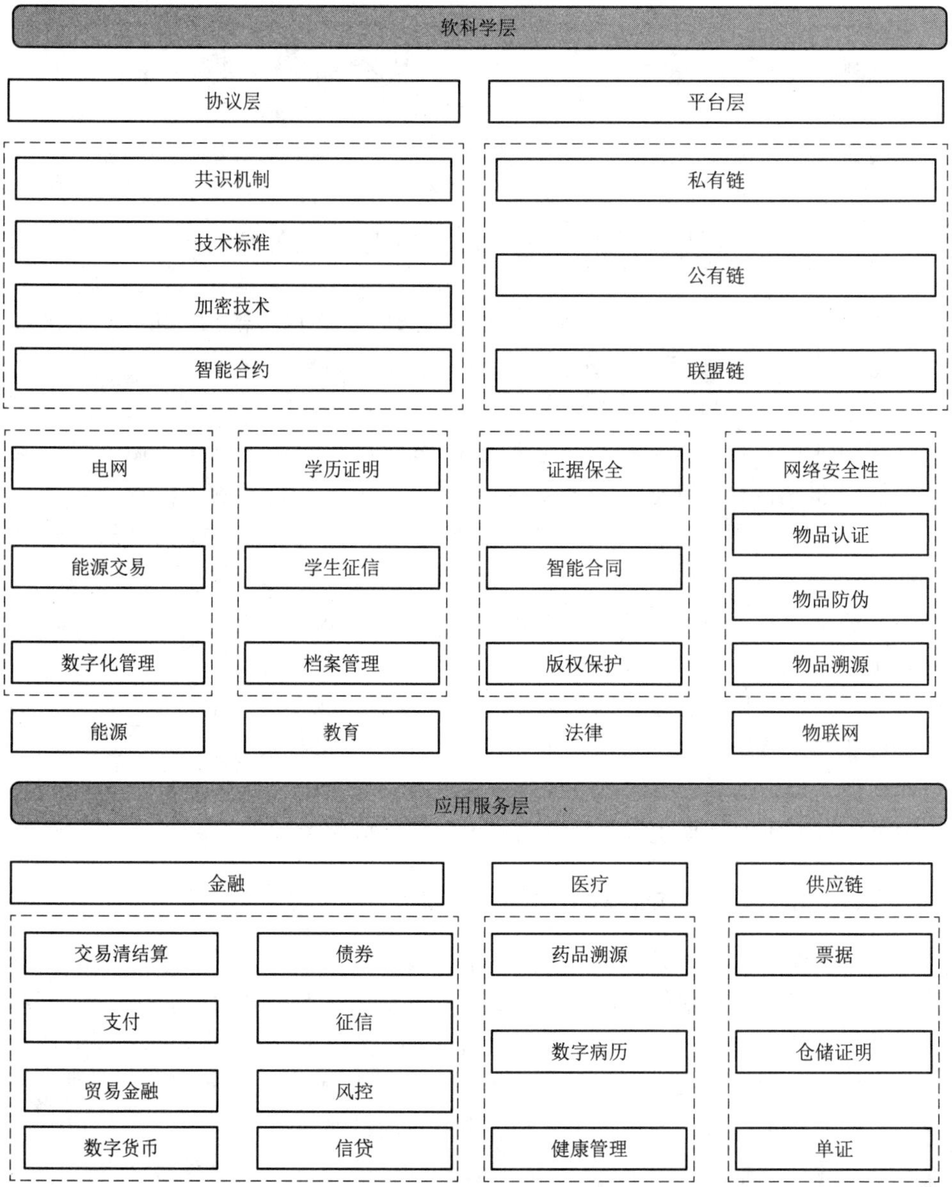

软科学层
协议层
平台层
共识机制
技术标准
加密技术
智能合约
私有链
公有链
联盟链
电网
能源交易
数字化管理
学历证明
学生征信
档案管理
证据保全
智能合同
版权保护
网络安全性
物品认证
物品防伪
物品溯源
能源
教育
法律
物联网
应用服务层
金融
医疗
供应链
交易清结算
债券
支付
征信
贸易金融
风控
数字货币
信贷
药品溯源
数字病历
健康管理
票据
仓储证明
单证

图 2-1（二）　区块链产业链全景图

（数据来源：赛迪顾问，2020 年 7 月）

基础硬件层
运算服务&终端层
Canaan
EBANG
BITMAIN
北京链安
Chains Guard Technology
GDS万国数据
世纪互联
www.21vianet.com

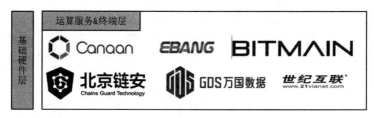

图 2-2（一）　区块链产业链企业图谱

图 2-2（二）　区块链产业链企业图谱

（数据来源：赛迪顾问，2020 年 7 月）

2.2　区块链产业发展现状

2.2.1　区块链迎来第三次发展热潮，应用领域将全面拓展

区块链技术被认为是继蒸汽机、电力、信息、互联网科技之后第 5 个最有潜力引发颠覆性革命的核心技术，已经成为全球关注的焦点。在投资机构的火热追捧下，各个领域也纷纷行动起来，从上市公司到初创企业、从商业领袖到技术大咖，区块链因其去中心化、不可篡改、可追溯等特点吸引着投资者关注。

从应用角度出发，全球区块链发展大致经历了 3 个阶段：2008—2013 年为区块链 1.0 阶段，是以比特币为代表的数字货币应用，场景主要包括支付、流通等货币职能，区块链第一次通过比特币验证了基于密码学、分布式共识和存储实现去中心化、不可篡改、不可伪造的数字化模式的可行性。2013 年，以以太坊为代表的区块链 2.0 应用将区块链从脚本语言升级到图灵完备的智能合约，区块链商业应用也进入新阶段，企业以太坊联盟（EEA）成立，世界各地银行、券商投资机构、商业巨头开始进入区块链应用测试阶段，市场迎来分化，区块链技术作为比肩互联网的技术得到初步认可。区块链技术通过利用计算机程序自动执行合同，使得其从最初的货币体系拓展到股权、债券和产权登记、转让以及证券和金融合约交易、执行等金融领域。2018 年开始，区块链技术受到各国重视，随着国家层面积极引导和鼓励区块链技术的进一步发展，其将作为社会的一种底层协议在物流、医疗、能源、法律、教育、物联网、供应链等领域进行全面拓展应用，进入区块链 3.0 阶段。区块链发展阶段示意图如图 2-3 所示。

2.2.2　各国加大布局区块链产业，争取占领发展高地

近年来全球各国政府机构，国际货币基金组织以及标准、开源组织和产业联盟等

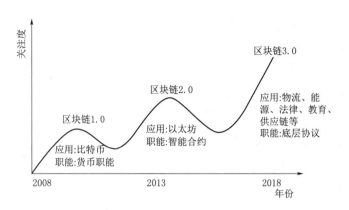

图 2-3　区块链发展阶段示意图

正在纷纷投入区块链产业的拉通和应用。美国、欧盟、英国等侧重于区块链技术研究与应用实践；韩国、日本、新加坡等制定相关监管体系，积极引导数字货币应用的发展；德国、荷兰、澳大利亚等制定了区块链产业总体发展战略，推进区块链应用市场发展。

英国将区块链列入国家战略部署，2018 年 1 月 22 日英国技术发展部门（Innovate UK）相关人士表示，英国将投资 1900 万英镑用于支持区块链等新兴科技领域的新产品或服务。2018 年 2 月 14 日美国众议院召开第二次区块链听证会，"拥抱技术"与"不要封杀"成为共识。2019 年 7 月，美国国防部发布《数字现代化战略》，提出利用区块链技术进行数据安全传输的试验。俄罗斯发布"国家区块链项目数据库"，涉及金融、保险、医疗等共计 390 个项目。韩国央行鼓励区块链技术，韩国唯一的证券交易所 Korea Exchange（KRX）也宣布开发基于区块链技术的交易平台。澳大利亚在 2019 年 3 月发布《国家区块链路线图》，强调在监管、技术能力、创新、投资、国际竞争力与国际合作等方面促进澳大利亚区块链产业发展。日本在 2019 年 5 月修订《支付服务法》和《金融工具与交易法》，对"加密资产"进行定义。德国 2019 年 9 月正式发布《德国联邦政府区块链战略》。欧盟则在 2019 年 11 月宣布一项包括区块链技术在内的初创企业投资计划，计划在 2020 年提供 1 亿欧元支持该行业的企业，预计该基金将进一步吸引私人投资 3 亿欧元，创建整个欧盟范围内充满活力的创新生态系统。阿联酋在 2019 年 10 月发布了加密资产监管草案，迪拜建立了全球区块链委员会，并成立含 Cisco、区块链初创公司、迪拜政府等 30 多名成员的联盟。新加坡、泰国、越南等东南亚地区国家在政策支持下也孕育出一系列以跨链、多链-子链等新技术为主的区块链互操作体系，积极争取未来区块链领域话语权。

2.2.3　全球区块链产业规模达到 24.5 亿美元，基础硬件层占比最高

在全球各地政府宏观政策重视、技术进步以及应用推动之下，2017—2019 年，全球区块链产业规模呈现急速增长的态势。2019 年全球区块链产业规模达到 24.5 亿美元，较 2017 年 12.4 亿美元的产业规模翻了一番，同比增长 30.6%，如图 2-4 所示。

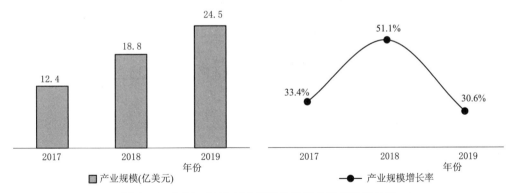

图 2-4　2017—2019 年全球区块链产业规模及增长率

（数据来源：赛迪顾问，2020 年 7 月）

　　产业结构方面，2019 年区块链基础硬件层产业规模 9.9 亿美元，占比最高，达到 40.4％；软科学层产业规模与基础硬件层接近，2019 年产业规模为 9.2 亿美元，占比 37.6％；应用服务层产业规模 5.4 亿美元，占比 22.0％，如图 2-5 所示。

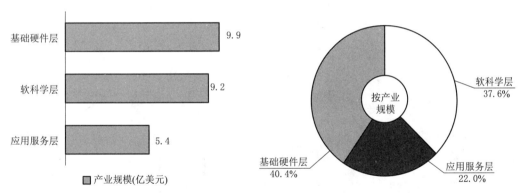

图 2-5　2019 年全球区块链产业结构

（数据来源：赛迪顾问，2020 年 7 月）

2.2.4　我国区块链产业规模增速远高于全球，应用服务层产业逐渐成熟

　　我国区块链产业链正在逐步完善，区块链产业规模正呈现爆发式增长。目前工商注册的区块链相关企业超过 2700 家，实际以区块链为主营、注册后有投入产出的企业超过 700 家，基本涵盖了产业链各主要环节。一些互联网龙头企业也不断在区块链领域布局开展业务，面向社会各界提供基于区块链技术的行业服务方案。深圳市腾讯计算机系统有限公司推出了区块链＋供应链金融解决方案，并已经有多个项目落地；阿里云计算有限公司则提供基于 Hyperledger Fabric 和蚂蚁区块链技术的企业级 PaaS 平台，用于如商品溯源、供应链金融、数据资产交易、数字内容版权保护等场景。

　　随着区块链技术的不断进步，越来越多的应用已经脱离数字货币领域转而延伸向非金融领域的应用。2019 年我国区块链产业规模达到 20.8 亿元，同比增长高达 179.5％，如图 2-6 所示。

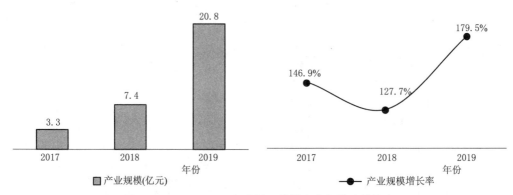

图 2-6   2017—2019 年中国区块链产业规模及增长率

（数据来源：赛迪顾问，2020 年 7 月）

产业结构方面，随着区块链技术不断进步，越来越多的应用已经脱离数字货币领域转而延伸向非金融领域的应用，助力区块链应用服务层产业规模不断扩大。2019 年我国区块链应用服务层产业规模 6.1 亿元，占比 29.3％，高于全球应用服务层占比7.3 个百分点；基础硬件层产业规模 7.5 亿元，依旧占比最高，达到 36.1％；软科学层产业规模与基础硬件层非常接近，2019 年产业规模为 7.2 亿元，占比 34.6％，如图 2-7 所示。

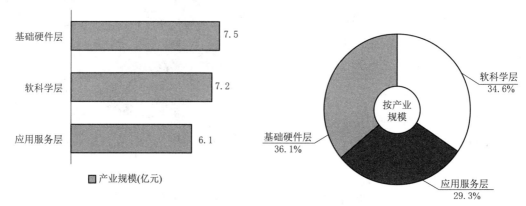

图 2-7   2019 年中国区块链产业结构

（数据来源：赛迪顾问，2020 年 7 月）

2.3   电力区块链市场规模预测

2.3.1   国家电网加快部署电力区块链，应用场景不断丰富

国家电网有限公司（以下简称"国家电网"）近年来持续加快能源电力区块链的建设。2018 年国网电子商务有限公司（以下简称"国网电商公司"）建成国网系统首个司法级可信区块链公共服务平台，挂牌工信部区块链重点实验室电力应用实验基地，参与首个区块链国家标准制定，为区块链技术的产业化拓展应用奠定了基础。2019 年，国家电

网将"基于区块链的新型能源业务模式研究"作为 57 项重点任务之一纳入重点建设任务，并形成了《区块链研究与应用试点建设方案》。2019 年 8 月，国网电商公司在中央企业率先成立区块链专业公司——国网区块链科技（北京）有限公司，加快推进区块链核心关键技术研究、产品开发、公共服务平台建设运营等业务，促进电网数字化转型发展。2020 年 6 月，国网区块链实验室正式揭牌成立。该实验室未来将打造面向全行业、全领域、全社会赋能的开放型、共享型、创新型区块链技术实验室，全方位服务于国家电网数字新基建，深度赋能信息流、能源流、业务流高度融合发展的能源互联网建设。

在应用场景方面，国家电网全面强化区块链在能源电力领域的应用落地，在新能源云、电力交易、优质服务、综合能源、物资采购、智慧财务、智慧法律、数据共享、安全生产、金融科技等十大场景开展深度应用，形成了具备典型性、高可行性的区块链技术解决方案，目前，十大典型场景已在适应能源变革、优化营商环境、提升服务水平、提高协同效率、强化安全保障等方面取得了良好效果，实现了对中国特色国际领先能源互联网企业建设的全面赋能。

2.3.2　2022 年全球电力区块链市场规模预计达到 8.5 亿美元

2020—2022 年，全球区块链技术在各垂直行业领域的商业应用模式将逐步成熟，区块链"脱虚向实"趋势明显，行业生态链趋于完善，将从各个领域助力实体经济高质量发展，预计 2022 年全球区块链市场规模达到 75.5 亿美元，增长率为 41.9%，2020—2022 年期间年平均复合增长率达到 43%，如图 2-8 所示。

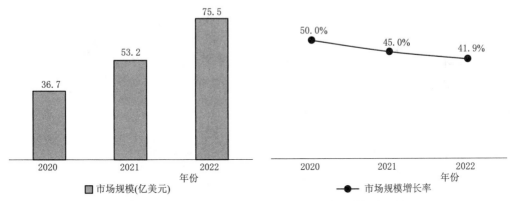

图 2-8　2020—2022 年全球区块链市场规模及增长率预测

（数据来源：赛迪顾问，2020 年 7 月）

能源区块链市场是区块链技术的重要行业应用之一，随着区块链技术在能源市场的不断渗透，预计 2020 年全球能源区块链市场规模达到 5.1 亿美元，占比全球区块链市场规模的 13.9%；而在 2020—2022 年期间，能源区块链市场规模将以年平均复合增长率 56% 的速度高速增长，预计在 2022 年市场规模达到 12.5 亿美元增长率为 56.3%，（图 2-9）。其中欧洲在能源区块链领域布局较早，未来一些能源公司将会逐步开始申请区块链流程，而得到政府支持，北美能源区块链市场未来也将大幅增长，亚洲地区在新能源和可再生能源供应扩大的推动下能源区块链市场也将得到进一步发展。

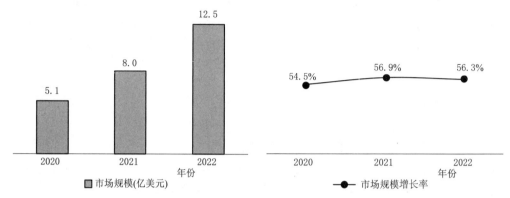

图 2 - 9　2020—2022 年全球能源区块链市场规模及增长率预测

（数据来源：赛迪顾问，2020 年 7 月）

全球能源区块链市场结构中，电力区块链市场规模预计 2022 年达到 8.5 亿美元，在能源区块链领域的市场份额最高，达到 68.0％，占据全球能源区块链的主导地位，石油和天然气区块链市场次之，预计 2022 年达到 3.3 亿美元，占比 26.4％，如图 2 - 10 所示。

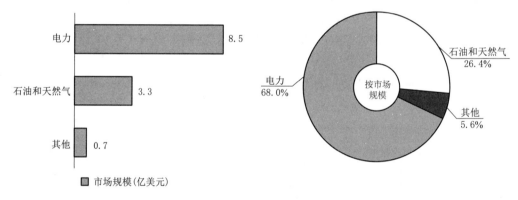

图 2 - 10　2022 年全球能源区块链市场结构预测

（数据来源：赛迪顾问，2020 年 7 月）

2.3.3　点对点交易将占据中国电力区块链市场的最大份额

中国在区块链领域拥有良好的产业基础，国家高度重视区块链技术创新和产业发展，已经在金融行业、物流行业、版权保护、医疗健康、工业能源等众多领域形成应用示范。2020—2022 年将是中国区块链市场进一步发展壮大的 3 年，将以 99％的年平均复合增长率继续扩大规模，预计 2022 年市场规模达到 205.9 亿元，增长率为 80.0％，如图 2 - 11 所示。

其中，2020 年中国能源区块链市场规模达到 3.2 亿元，占中国区块链市场规模的 6.2％。2020—2022 年，年平均复合增长率达到 150％，增速远远高于全球，并在 2022 年市场规模达到 20.0 亿元，增长率为 138.1％，如图 2 - 12 所示。

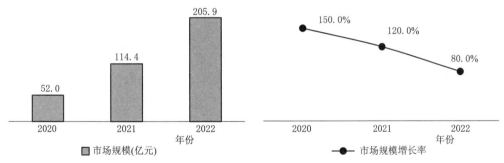

图 2-11 2020—2022 年中国区块链市场规模及增长率预测

（数据来源：赛迪顾问，2020 年 7 月）

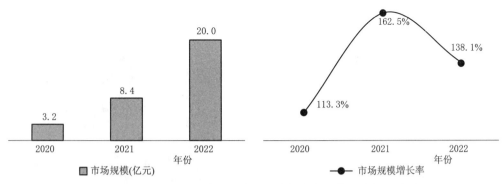

图 2-12 2020—2022 年中国能源区块链市场规模及增长率预测

（数据来源：赛迪顾问，2020 年 7 月）

中国电力区块链市场规模预计 2022 年达到 14.3 亿元，在能源区块链领域的市场份额最高，占比 71.5%，石油和天然气区块链市场次之，预计 2022 年达到 5.3 亿元，占比 26.5%，如图 2-13 所示。

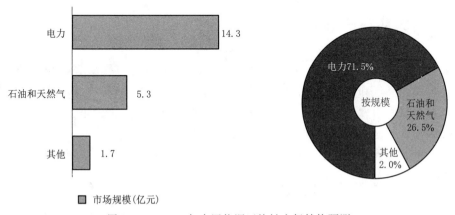

图 2-13 2022 年中国能源区块链市场结构预测

（数据来源：赛迪顾问，2020 年 7 月）

电力区块链应用主要分为点对点电力交易、电网管理与系统运营、电力移动、分布式可再生能源等方面。随着电力系统的清洁转型，可再生能源（如风能、太阳能和潮汐能）发电份额的增长将大大促进点对点电力交易的发展。通过区块链技术可以降低交易成本，使更多的电力生产商可以出售自己多余的可再生能源给其他的用户。2020—2022年，点对点交易将占据电力区块链市场的主导地位，预计在 2022 年市场规模达到 6.0 亿元，占比 42%。

基于区块链技术的电网管理和系统运行是电力区块链领域的第二大应用，结合区块链技术的电力调度系统可以充分利用数据的真实可靠且不可修改历史的特性，进行电力需求的预测、电力交易管理和制订调度计划，尤其在微电网领域的应用会逐步得到扩展，预计在 2022 年市场规模达到 3.4 亿元，占比 23.8%；以充电桩共享充电网络市场为代表的电力移动市场规模预计 2022 年达到 1.8 亿元，占比 12.6%；区块链分布式可再生能源领域应用将促进新能源的消纳，预计 2022 年市场规模预计达到 1.7 亿元，占比 11.9%，如图 2-14 所示。

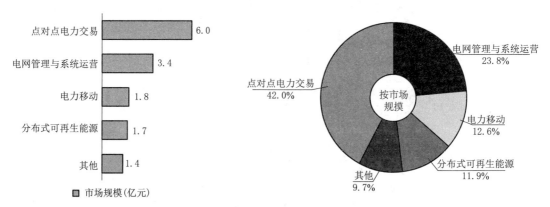

图 2-14 2022 年中国电力区块链市场结构预测

（数据来源：赛迪顾问，2020 年 7 月）

2.4 电力区块链产业发展趋势

随着以区块链为代表的信息技术在电力能源生产、输送、交易等各个环节的应用，传统电力能源的生产和服务方式将发生重大改变。

区块链技术将引发电力能源行业生产关系的深刻变革，未来的电力能源行业将更具开放性与共享性。区块链技术将在能源互联网配置、能源交易与结算、推进开放共享的能源数字经济平台建设等环节发挥重要作用。

2.4.1 能源互联网助力区块链在分布式能源和资源配置领域发挥作用

能源互联网是以特高压电网为骨干网架、以输送清洁能源为主导、全球互联泛在的坚强智能电网，能够将水能、风能、太阳能、海洋能等可再生能源输送到各类用户。能源互联网不同于当前集中式供能系统，它由多个分布式能源应用单元互联而成，既能够完成资源的重组整合，又能高效地利用能源，有利于加快推进我国能源侧结构性改革。

分布式能源是指建立在用户负荷中心附近并耦合连接到区域电力系统的能源综合利用系统，主要包括光伏、天然气、风电、生物质能、地热能等能源。分布式能源能效利用率高达80％以上，是综合效率最高的一种利用方式，未来利用能源互联网，可以将光伏、风能等分布式能源转化为电能在电网中传输，完成不同形式电源和用户的泛在连接，从而实现电源资源和用电资源的优化配置。分布式能源系统示意图如图2-15所示。

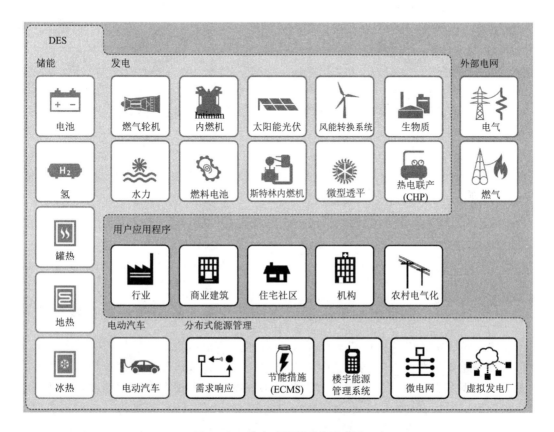

图 2-15　分布式能源系统示意图

分布式能源市场交易需要遵循信息对等、共享、透明、交易分散等基本原则，而区块链由于其去中心化、可分散等特点，非常适用于分布式能源市场。利用区块链技术可以构建去中心化的能源系统，建立能源互联网参与主体之间的信任机制，而不需要信用中介的参与。验证交易的过程是通过大量的分布式计算系统的数据模式进行，能源系统的供给和交易等行为可以自动执行，使得用户拥有直接购买和销售能源的高度自主权，将用户由传统的受能者转变为主动参与能源供需平衡的供能者，解决了分布式新能源接入成本和无序并网的问题，避免了分布式电力交易中间手续费的发生，从而有助于降低人工成本、提升交易效率、促进新能源消纳。

与此同时，区块链技术通过结合人工智能、大数据分析，可以预测能源需求，有助于引导用户自主参与调峰、错峰，实现全网资源的统筹调配和优化配置，解决传统集中式能源分配存在的诸多调配问题。能源互联网区块链应用示意图如图2-16所示。

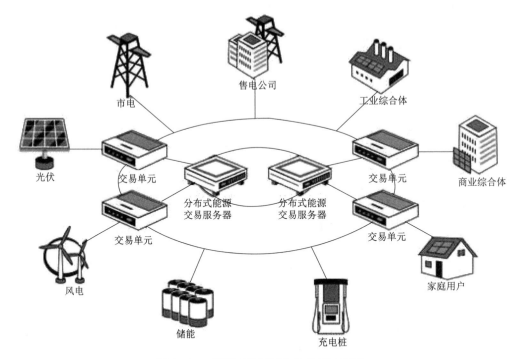

图 2-16 能源互联网区块链应用示意图

2.4.2 信任成本降低有利于区块链在能源交易与结算领域的拓展应用

能源交易与结算中利用区块链技术能够自动结算、降低成本，是区块链未来在电力能源市场重要的发展方向。通过区块链技术形成的分布式账本包含了全网电能计量数据，该数据真实可靠、不可篡改，最终利用智能合约实现电费自动结算，解决了电费拖欠问题。区块链技术去中心化的特点则可以支持清（结）算机构的点对点直接交易，使得用户可以通过区块链向其他人购买或销售电力能源，而不再需要依托电力公司来完成电力生产和消费的清（结）算工作，实现了交易的去中心化，降低了交易的信任成本。

当前，在新增竞价项目、平价项目以及 2019 年未完工的竞价项目与特高压项目等拉动下，国内新增光伏市场将呈现恢复性增长。乐观估计，2022 年中国光伏新增装机规模可达 60GW。从未来趋势上看，随着中国分布式能源网络建设的不断深化，分布式光伏装机占比将逐渐增加，它可为电力系统调峰，提高供电可靠性，也是偏远地区供电非常经济的一种选择，预计到 2022 年分布式光伏装机占比将达到 51.1%，超过集中式光伏装机总量，届时将有更多的家庭拥有光伏发电设备（图 2-17）。与此同时，也会产生多余的电力未被利用，而区块链技术允许这些能源拥有者可以将未使用的能源进行出售，其不可篡改的特征使得多元化的能源市场中无需第三方的信任机制即可实现点对点的价值传递，让电力生产者和消费者形成直连，允许用户通过智能电表实时获得发、用电量等数据，并通过区块链向其他人购买或者销售电力能源。

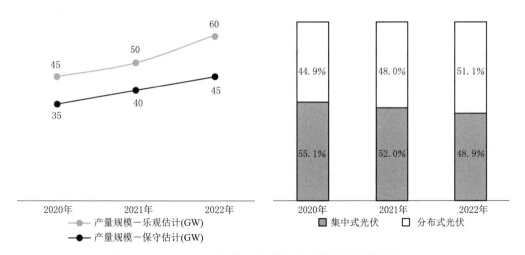

图 2-17　2020—2022 年中国新增光伏系统装机规模及结构

（数据来源：赛迪顾问，2020 年 7 月）

2.4.3　区块链技术将推动开放共享的能源数字经济平台建设进程加速

数字经济的发展和广泛应用，正在对传统能源行业进行深刻变革，能源系统日益呈现数字化、智能化的属性。数字经济正在和以能源流、业务流、数据流为载体的能源互联网协同发展。能源数字经济下，区块链能够为各种接入提供可信的机制保障，促进相关电力能源平台的开放共享。

区块链技术以区块为单位存储数据，并按照时间顺序结合密码学等算法保障数据的存储和传输安全，区块链技术不可篡改的特征使得多元化的能源市场中无需第三方的信任机制即可实现点对点的价值传递。这些突出的安全特性，对于能源数字经济下开放共享平台的建设大有裨益。例如，在充电桩市场，区块链技术不仅能给消费者提供一套稳定、安全又兼具规模的能源管理系统，还可以实现共享充电桩、促进共建充电桩。私人充电桩可以接入区块链平台，将其共享给他人使用，私人可以接受平台建议的电价收费，也可以自己定价。与此同时，区块链平台的安全性也可以让更多的企业参与到充电桩行业生态的建设中，从而对充电桩设施的部署起到有效的推动作用。

在共享储能平台建设方面，储能与分布式的结合可有效提高可再生能源利用率、降低高峰负荷压力，是应对当前电力系统两端波动性加大、提升系统安全稳定性、降低系统运行调节成本的重要手段，而通过区块链联盟链平台可以共享储能数据存证，利用区块链智能合约清分结算和财务通证记账，完成电费资产证券化，解决共享储能市场化交易公信力、交易结果精准区分和控制等问题。

第 3 章
区块链技术发展现状分析

3.1 发展历程

从 2.2.1 小节可知，区块链发展经历了以下 3 个阶段。

3.1.1 区块链 1.0

中本聪在 2008 年 11 月发表了著名的论文《比特币：点对点的电子现金系统》，2009 年 1 月紧接着用他第一版的软件挖掘出了创始区块，包含着这句 "The Times 03/Jan/ 2009 Chancellor on brink of second bailout for banks"（2009 年 1 月 3 日，财政大臣正处于实施第二轮银行紧急援助的边缘），像魔咒一样开启了比特币的时代。比特币的发展历程，如图 3-1 所示。

2010 年 9 月，第一个矿场 Slush 发明了多个节点合作挖矿的方式，成为比特币挖矿这个行业的开端。要知道，在此之前的 2010 年 5 月，1 万比特币才值 25 美元，如果按照这个价格来计算，全部的比特币（2100 万）也就值 5 万美元，集中投入挖矿显然是没有任何意义的。因此，建立矿池的决定就意味着有人认定比特币未来将成为某种可以与真实世界货币相兑换的，具有无限增长空间的虚拟货币，这无疑是一种远见。

2011 年 4 月，比特币官方有正式记载的第一个版本（0.3.21）发布，这个版本非常初级，然而意义重大。首先，由于该版本支持 uPNP，实现了日常使用的 P2P 软件的能力，比特币才真正能登堂入室，进入寻常百姓家，让任何人都可以参与交易；其次，在此之前比特币节点最小单位只支持 0.01 比特币，相当于"分"，而这个版本真正支持了"聪"。可以说从这个版本之后，比特币才成为现在的样子，真正形成了市场，而在此之前基本上是技术人员的玩物。

2013 年，比特币发布了 0.8 的版本，这是比特币历史上最重要的版本，它整个完善了比特币节点本身的内部管理、网络通信的优化。也是在这个时间点以后，比特币才真正支持全网的大规模交易，成为中本聪设想的电子现金，产生了全球影响力。然而在此版本中，比特币引入了一个大漏洞，所以这个版本发布以后比特币短时间就出现了硬分叉，导致整个比特币最后不得不回退到旧的版本，也导致比特币价格产生大幅下跌。比特币后面的发展被越来越多的人所熟知，世界各国对它的态度、算力的增长——2016 年 1 月达到 1EH/s 以及在 Github 上超过了 1 万个相关的开源项目，都证明比特币生态环境已

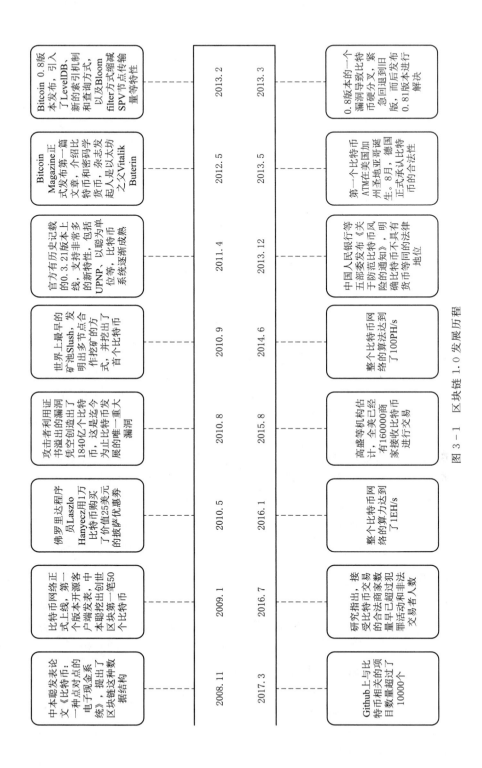

图 3 - 1 区块链 1.0 发展历程

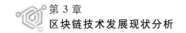

经完全成熟了。

3.1.2 区块链 2.0

2013 年年初，金融危机中的塞浦路斯政府关闭银行和股市，推动比特币价格飙升；同年 8 月，德国政府确认比特币的货币地位；11 月美国参议院听证会也明确了比特币的合法性。

虽然区块链进入主流社会经济的基础仍不具备，但过于乐观的预期导致比特币的价格飙升，11 月 19 日比特币达到 1242 美元新高，大众开始了解比特币和区块链。

同时，在 2013 年以太坊（Ethereum）的概念得以提出，并在 2014 年通过 ICO 众筹得以发展。以太坊是一个开源的有智能合约功能的公共区块链平台，通过其专用加密货币以太币（Ether）提供去中心化的虚拟机来处理点对点合约。

以太坊解决了比特币扩展性不足的问题。区块链的发展也进入了 2.0 时期，引入了智能合约等相关概念，使得区块链从最初的货币体系，可以拓展到股权、债权和产权的登记、转让及证券和金融合约的交易、执行，甚至博彩和防伪等金融领域，打开了区块链世界应用的新领域。

当然，在 2014 年，随着中国银行体系介入、Mt.Gox 的倒闭等一系列事件导致比特币价格持续下跌，触发第一波大熊市，但区块链的发展却受到各方面重视。2015 年，比特币交易进入真正的牛市，国内各类金融机构参与区块链技术研究。2015 年 9 月，R3 联盟成立，高盛银行、美国银行、花旗银行等数十家国际银行和金融机构加入，成员遍及全球；10 月，纳斯达克（Nasdaq）正式公布了他们的区块链产品——NasdaqLinq，这也是首个由已建立的金融服务公司推出并说明资产交易如何可通过区块链平台来进行数字化管理的产品。

在这个阶段，随着英国退欧、印度废除纸币等事件的出现，全球金融动荡增强，具有避险功能的比特币开始复苏，市场需求增大，比特币价格从 2016 年初的 400 美元最高飙升至 2017 年底的 20000 美元，翻了 50 倍。比特币的造富效应，带动了其他虚拟货币以及各种区块链应用的大爆发，各种区块链资产受到全球疯狂追捧，比特币和区块链彻底进入了全球视野。

3.1.3 区块链 3.0

在区块链的 3.0 时代，以太坊、Corda、ZCash 并起，区块链技术的共识机制目前也日渐成熟，而且有非常多的派别和门类。同时也可以看到，比特币的全球算力现在已经达到了 6.77EH/s，显示出数字货币和区块链技术进入了高速增长的时代。

从行业的角度，区块链在全球范围内票据、证券、保险、供应链、存证、溯源、知识产权等十几个领域都有了 PoS（Point of Sales，销售点）的成功案例，部分已经进入了实践阶段。不仅是独立开发商，国内国际多家大的金融机构、银行、传统企业，无论是自己进行研发，还是与第三方合作，也都纷纷建立自己的区块链项目，也证明了行业内区块链技术在行业应用中的火爆趋势。

从政府的角度，仅就比特币而言，全球有十几个国家承认它有货币或者类似货币的地位，可以进行交易和流通。我国的央行，虽然禁止比特币的流通，但是很主动地试点数字货币，引起了该技术在全国的又一波关注热潮。

从社会的角度，ICO（首次公开募币）活动热度不减，数字货币总市值不断攀升。同时，由于一些支付机构能接受比特币的支付，所以它能实际上间接覆盖到全球的商家，甚至可以达到几千万家。谷歌学术上与区块链相关的学术论文差不多已经达到 3 万篇，从这个角度也能看出，区块链的技术已不再是一个依附于比特币、以太坊或者任何数字货币的技术，而是真正作为一种独立的技术纳入到学术研究领域。

3.2 核心技术

从科技层面来看，区块链涉及管理学、心理学、密码学、互联网和计算机编程等很多科学技术问题。从应用视角来看，简单来说，区块链是一个分布式共享账本和数据库，具有去中心化、不可篡改、全程留痕、可以追溯、集体维护、公开透明等特点，这些特点保证了区块链的"诚实"与"透明"，为区块链创造信任奠定基础。而区块链丰富的应用场景，基本上都基于区块链的四大核心技术，分别为共识机制、数据结构、密码学和分布式存储。

3.2.1 共识机制

为了保证节点有意愿主动去记账，区块链形成了一个重要的共识机制，这种共识机制也是区块链的灵魂。例如，PoW（工作量证明机制）是最初的一种共识机制，所有参与的节点通过比拼计算能力来竞争记账权，这是着重强调去中心化的一种方式，所有人都参与，但只能选一个节点，因此会浪费大量资源和时间成本。因此，后面又出现了 PoS（权益证明机制），持有数字货币时间越长，持有的资产越多，就越有可能获得记账权和奖励，节省了时间，但容易造成马太效应；再后来出现的 DPoS（委托权益证明机制），节点选出代表节点来代理验证和记账，更加简单高效，但这也在一定程度上牺牲了一些去中心化。

3.2.2 数据结构

区块链在形式上类似于微信朋友圈，每一条朋友圈都是一个区块，串起来的整个朋友圈就像一条链，而左边的时间标志就像区块链里的时间戳，什么时候发的朋友圈会有记录，时间戳会精确到几分几秒。每个区块头包含的哈希值就像是上一个区块所有数据的"数字指纹"，因此每个区块之间就有了一种环环相扣的"关系"，这层关系形成了一个链条，让旧的区块链数据一旦任何一个字符被改动，后面所有的哈希值都会发生变动。这样的一个结构和内容构成了整个区块链。

3.2.3 密码学

区块链运用了一个杀手锏——密码学。对称加密就相当于开门和锁门用了同一把钥匙，非对称加密则相当于开门和锁门用了两把不同的钥匙，一个叫公钥，一个叫私钥，公钥锁门,只有私钥可以开门,而用私钥锁门,也只有公钥可以开门。这两种密钥一般都存储在钱包里,私钥一旦丢失,资产也就荡然无存。在区块链中,公钥和私钥都是经过多重转化而形成,字符都比较长和复杂,因此比较安全。

3.2.4 分布式存储

区块链最吸引人之处是其分布式存储机制,即去中心化的思想。区块链中每个区块上的信息记录,都是由参与记账的每台计算机,即节点竞争记录的,其背后并没有任何企业、公司来管理。为了防止某些恶意节点的破坏,对于采用 PoW 共识机制的区块链中的新数据,需要得到大部分节点的一致确认和同意,至少也需要有 51% 的节点同意,因此某个节点想篡改数据是很难的。

3.3 存在问题

从区块链的发展历史和发展趋势来看,其在技术发展和应用落地两个方面都存在较大挑战,需要从业者付出更多努力推动其发展。

3.3.1 技术挑战

区块链技术作为数字经济的重要技术,已经在一定的范围内得到了应用,但仍存在一些技术挑战使其并没有被大规模使用。目前在技术方面存在的挑战主要有:共识机制难以兼顾效率和安全;分布式存储数据膨胀问题;区块链与底层数据库的兼容性问题;链上数据的安全性问题;不同区块链系统之间的跨链协作问题;性能和可扩展性问题等。

3.3.1.1 共识机制问题

区块链的共识机制用于解决去中心化系统中的分布式一致性问题,其核心为在某个协议(共识机制)的保障下,使得系统中的节点对相关操作在有限的时间内达成一致,并记录到本地的区块链账本中。在区块链系统中,共识算法最重要的目的是解决去中心化系统中多方互信的问题。

根据不同的区块链类型,区块链系统的共识机制主要分为两类。第一类通过分布式一致性算法达成共识,主要用于联盟链和私有链系统中,分布式一致性算法使用数学和工程学的方式,确保各个节点之间的数据达到绝对一致,基于消息传递并具有高度容错的特性。同时,根据系统中是否存在恶意节点,采用不同的共识算法,在没有恶意节点环境中常用的算法包括 Raft、Paxos、ZAB 等;在恶意节点存在的环境下,为解决拜占庭问题,区块链系统采用可以解决拜占庭问题的拜占庭容错算法(BFT),其中最常使用的 BFT 算法是 PBFT,针对 PBFT 的扩容性问题,NEO 小蚁区块链提出了一种代理拜占庭容错算法(DBFT),加入超级节点的概念,降低了共识节点的数量,解决了 BFT 算法固有的扩容性问题。

第二类共识机制为利益博弈共识,主要应用在公共区块链系统中,通过经济利益的博弈来鼓励对系统的贡献并提高不可信节点的作恶成本,常用的算法包括 PoW 工作量证明、PoS 权益证明等,这两种方式都是通过"挖矿"即进行哈希运算的方式来获取记账权,可监管性弱且容易产生分叉,PoW 算法对资源的消耗已经达到了一个难以接受的程度。EoS 提出的 DPoS 共识算法与 PoS 算法原理相同,通过超级节点减少了参与验证和记账节点的数量,提高了效率,但牺牲了部分去中心化的特性。

对于共识机制而言,去中心化、效率能耗与安全性三方面难以兼顾,这也是区块链"不可能三角"理念,TokenClub 研究院对 4 种常用的共识机制进行了这三方面的性能对比,对比结果如图 3-2 所示。

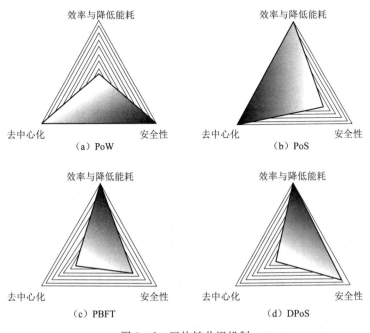

图 3-2　区块链共识机制

图 3-2 显示了 4 种不同的共识机制在去中心化、安全性和效率能耗方面都存在自己的不足。为解决区块链共识机制存在的这一挑战,近几年一些新的混合共识算法被提出,将各种共识机制结合使用,包括 PoL 运气证明、PoET(基于 Intel 的 SGX 安全环境)、PoDD 抗分布式拒绝服务证明、PoB 燃烧证明等,均在一定程度上对区块链的共识机制进行了优化,尽管这些方案还未经过落地验证,但代表了未来共识机制设计的趋势。

3.3.1.2　分布式存储问题

区块链技术采用的分布式存储记账方式,是一种在不同物理地址或不同组织内的多个网络节点构成的网络中进行数据贡献和同步的去中心化数据存储技术。与传统的分布式存储不同,区块链网络中各参与节点都拥有完整的数据备份,并且所有节点都是独立和对等的,每个节点保存的账本都是完全一样的,且在没有控制大多数节点的情况下无法篡改,正是这种分布式存储方式保证了区块链系统的可信度和安全性。然而,随着链上交易的增长,数据急剧膨胀成为区块链系统隐藏的一个巨大危机,对于链上节点来说,没有足够的存储空间使得他们无法继续参与正常的记账操作,导致全节点的数量减少,分布式存储的优势逐渐被减弱。

为了解决区块链系统的分布式存储数据膨胀问题，需要对区块链的分布式存储方式进行改进，比特币和以太坊等区块链系统提供了两层"扩容技术"以改进分布式存储的结构，第一层是对区块链底层的数据结构进行优化，包括交易内容的简化、隔离见证（将交易和签名分开）、区块大小动态变化等方式。第二层为将不必要的数据存储在链下，包括闪电网络、侧链技术、状态通道等技术，将计算操作在链下进行，只在链上存储必要的结果信息用于验证，大大减少了分布式存储的数据量。另一个新型的分布式存储方案是采用链上交易和链下存储结合的方式，包括 BTT（BitTorrent Token）和 Filecoin/IPFS 方案，将文件存储在一个链下的分布式系统中，当区块链的用户需要下载文件时，在链上锁定资产，得到通证后去链下分布式文件系统中下载对应文件，降低了链上存储的成本。

由于区块链分布式存储存在的数据膨胀问题，链上链下混合存储架构将会是未来需要重点研究的方向，而在这种混合存储架构中，链上链下数据的协同映射、链下数据的来源可信是研究的核心内容。

3.3.1.3 数据库问题

区块链数据可以分为两类，即区块链的区块数据和区块链的状态数据。区块数据记录了区块链上发生的所有交易，包含所有的交易信息；状态数据则记录了区块链上所有账户或者智能合约的当前状态。区块链节点通常把区块链数据存储在 PC、虚拟机或服务器上，存储区块链数据最常见的介质是磁盘。区块链节点不会直接访问磁盘，而会通过特定的数据库来访问和操作磁盘上的数据，如 LevelDB、RocksDB 或 MySQL 等单机或分布式数据库，相比于直接操作磁盘，数据库对特定的数据访问模型进行了抽象定义，对区块链节点更为友好。但当前区块链系统采用的数据库存在一些适用性的问题，采用 k-v 键值对数据库的区块链系统，将链上数据的哈希值作为键，对应的链上数据作为值存储在 k-v 数据库中，对于已知哈希值的数据访问操作具有较快的效率，而对于格式化的数据操作并没有很高效的解决方法；基于 MySQL 等关系型数据库的区块链系统可以将数据库与区块链网络分开，进行单独部署，同时以结构化的形式存储链上数据，便于对链上数据进行查询等操作，但可扩展性较差，对海量数据的支持能力不足。

为区块链系统设计更好的数据库存储结构，一种可行的方案是采用嵌入式数据库和独立式数据库结合的方式，FISCO-BCOS（金融版区块链底层平台）基于此提供了一种灵活的数据存储机制，对于追求便利与性能的场景，可以使用默认的 RocksDB；对于偏重审计和治理的场景，可以使用 MySQL，以满足不同的需求。

3.3.1.4 安全性问题

从本质上来说，区块链系统在信息不对称的情况下无须相互担保或第三方中介参与，采用基于共识机制和加密算法的方式来达成信任，这种方式已经较好地保证了系统中数据的真实性和完整性。但为了提升性能和可用性，区块链系统在安全性方面可能存在了妥协，这使得安全问题成为区块链应用落地的一个巨大挑战。在共识机制方面，为了提升交易性能，可能采用拜占庭容错性能较差的分布式一致性算法，或采用中心化较强的记账方式，这可能会使共识过程遭到攻击。另外，在完全去中心化自治环境中，可能缺乏有效的安全应急机制，从而可能导致对系统的攻击难以在第一时间被发现和终止，而且，由于区块链"不可篡改"的设计思想，区块链状态的回滚目前仍需要分叉来进行，这也使得区块链的可维护性不如传统方案。这一现象在智能合约领域尤为多发。2016 年，以太坊最大的智能合约项目 The DAO 正是由于黑客对智能合约中提取以太币过程的判断条件漏洞的攻击而造成了 300 万以太币的损失，现在该损失仍在以太坊经典（ETC）的区块链上存在。类似地，2018 年 4 月，有黑客利用 BEC 代币合约中的整数溢出漏洞进行攻击，使其发生天文数字级的超发，导致币值崩盘。2020 年 4 月，黑客利用 Uniswap 和 ERC777 的兼容性问题，在进行 ETH - imBTC 交易时，利用 ERC777 中的多次迭代调用 tokensToSend 来实现重入攻击，将 Uniswap 上的 imBTC 代币耗尽。从区块链自身的漏洞和安全事件来看，大部分安全漏洞来自于智能合约，特别是不安全的函数、越界等代码安全问题，也有一些漏洞与业务相关，可能导致业务中断或让攻击者获利。

3.3.1.5 跨链问题

目前区块链系统基本上是以独立运行的方式存在于网络世界中，每条链都独自管理自身区块链系统中的链上数据，各链之间没有数据和价值的互通，这限制了区块链技术的发展。因此需要跨链技术将不同的区块链系统连接起来，构建一个互联、互通、互信的区块链应用网络，而由于不同区块链系统的结构各不相同，跨链技术存在跨链互操作难、监管技术缺失等问题。跨链互操作难的最主要原因是跨链操作的原子性问题较难解决，为解决跨链操作的原子性问题，区块链研发人员采用了公证人机制、侧链/中继方式、哈希锁定方式及分布式私钥控制等方案进行解决。公证人机制通过中间节点资金托管的方式保证安全支付，最先由 Ripple 团队提出 Interledger 协议，通过一个或多个第三方连接器账户进行资金托管，形成跨链交易路径，可以保证两个异构区块链之间的代币兑换，但这种方式去中心化程度较低，面临单点问题。侧链或中继网络将侧链或中继区块链作为异构区块链间的中介网络，典型代表有 Cosmos 和 Polkadot 方案。Cosmos 是 Tendermint 团队开发的区块链互联网络，通过主干网上的中继器将异构的区块链子网进行互联，从而实现各数字资产交易，它是价值互联网的代表；Polkadot 利用中继区块链网络实现了以太坊与其他区块链之间的跨链通信，不仅支持代币兑换，也尝试构建通用的跨链通信技术。哈希锁定技术在链下建立了点对点的加密支付通道，并在每条链上建立了资产锁定和超时解锁机制，以实现不同链上资金的可靠转移。分布式私钥控制方案通过安全多方计算或者门限密钥分享等方式实现对账户资产的锁定与解锁。图 3 - 3 对这几种方案进行了对比。

目前跨链技术还处于初级阶段，国内外对跨链技术的研究还停留在金融领域的货币兑换和跨境支付方面，还需要大量的理论研究和实验测试支撑，使跨链技术进一步发展，构建"万链互联"的区块链生态。

3.3.1.6 可扩展性问题

可扩展性问题是区块链应用落地的一个关键问题，区块链的去中心化应用（DApp）必须运行在区块链的底层平台上，如果系统的性能和可扩展性不足，DApp 就无法落地形成大规模应用。在考虑去中心化和安全性的前提下，区块链面临的可扩展性挑战主要在

跨链技术	Notary公正技术	Relay中继及侧链技术	哈希锁定	跨链技术
互操作性	所有	所有(需要所有链上都有中继,否则只支持单向)	只有交叉依赖	所有
信任模型	多数公证人诚实	链不会失败或受到"51%攻击"	链不会失败或受到"51%攻击"	链不会失败或受到"51%攻击"
适用跨链交换	支持	支持	支持	支持
适用跨链资产转移	支持(需要共同的长期公证人)	支持	不支持	支持
适用跨链Oracles	支持	支持	不直接支持	支持
适用跨链资产抵押	支持(需要长期公证人信任)	支持	大多数支持但是有难度	支持
实现难度	中等	难	容易	中等
多币种智能合约	困难	困难	不支持	支持
实现案例	Ripple	BTC Relay/Poldadot/COSMOS	Lighting network	Wanchain/FUSION

图 3-3　跨链技术对比

三个方面，即分布式网络的传输延迟、分布式账本的一致性问题、节点的性能限制。对于分布式网络的延迟来说，在任一节点都有机会参与记账环节的区块链网络中，参与记账的节点需要同步全部区块信息才可以进行交易的处理与记账。因此，整个网络同步的效率受限于网络中延迟最长的节点。账本一致性问题是在交易大小相同的情况下，影响区块链吞吐量的两个核心参数为区块容量和区块间隔时间。考虑到实用性，区块容量通常不会无限制扩大，而如果区块间隔时间过短，在全网都参与记账的环境中，可能会由于不同节点来不及完全同步最新的区块广播而产生不同的新区块，从而造成严重的分叉问题，进而严重影响区块链的实际可用性。节点的性能限制也会导致区块链系统的可扩展性较差，目前主流的公有链如比特币、以太坊仍然使用工作量证明共识机制，用于记账的节点需要消耗大量的计算资源进行哈希运算以竞争记账权，从而在效率上存在一定限制。另外，由于区块链数据只是追加而没有被删除，随着区块数据量的加大，对节点的存储空间和吞吐性能也提出了越来越高的要求。以以太坊为例，目前总区块文件的大小已经突破 4TB，如要实现每秒上百万笔交易的交易速度，需要提供每秒数百兆吞吐能力的节点，因而使应用受到限制。

为了解决区块链系统的性能和可扩展性问题，一些区块链系统在共识机制、广播通信、信息加解密等算法层面进行优化，但提升的扩展性能有限。以太坊采用的分片技术将整个系统分为多个片区，进而采用并行处理，以提升性能。一些较新的项目开发了可扩展性优先（Scalability - first）的区块链网络，如 EOS、Algorand、Cosmos、Dfinity 等，但吞吐量增加的后果可能是系统安全性和去中心化程度的下降。因此，未来的发展方向应该是在兼顾安全和去中心化的前提下对可扩展性进行提升。

3.3.2　应用落地挑战

目前，区块链技术和产业还处于发展的初期阶段，在社会认知、隐私保护、数据协同、人才培养、项目冷启动方面均面临着挑战。

3.3.2.1 用户认知与法规相对滞后

区块链发展速度较快，相关的行业规范出台比较滞后，因此不可避免地存在着乱象和泡沫。去杠杆、强监管和资本市场的起伏不定使得人们对区块链始终呈观望状态，而一些假借"区块链"之名进行的非法行为也屡禁不止。因此，人们对区块链技术的认知并不统一，"币"和"链"的分界线也很模糊，需要加强对大众的区块链知识科普。同时，区块链技术至今并未出现成功的大规模商用项目，这也使得人们对区块链技术开始产生质疑。

就目前来看，区块链技术相关的法律法规尚处在探索阶段，但也在逐渐明朗。2019年2月15日，我国《区块链信息服务管理规定》正式实施，规定了须遵守规定的区块链信息服务的提供者，包括主体、节点及组织等，监管执法主体是国家互联网信息办公室（以下简称"国家网信办"）。规定提供者应建立健全用户注册、信息审核、信息记录备份、应急处置、安全防护等管理制度，区块链信息服务功能应不违反国家法律法规规定，且上线前需进行安全评估，需在规定时间内做备案、定期查验及编号标明，已备案主体后续将接受网信办及有关部门的监督和检查。使用者应进行真实身份信息认证。国家网信办先后发布三期境内区块链信息服务名称及备案编号，预计后期会持续推进。2019年3月30日，国家网信办公开发布第一批共18个省（自治区、直辖市）的197个区块链信息服务名称及备案编号；2019年10月18日，发布第二批309个境内区块链信息服务名称及编号；2020年4月24日，发布第三批224个境内区块链信息服务名称及备案编号。

区块链作为一种新兴技术，因其独有的优势，在未来可能会对社会关系改变产生重大影响。区块链在改进和重构社会关系的时候，存在许多局限和矛盾，这些局限和矛盾可能会对区块链的发展带来不利影响，由于社会是动态均衡的，为了解决区块链系统中存在的这些局限和矛盾，就要支持社会的这种动态均衡。这些动态均衡主要包括公平与公正、发展与稳定、透明与隐私、民主与集中、当前与未来。人类社会发展到今天，已经天然具有扁平化和整体层次化的特点，这是社会发展的必然结果，因此，与其用区块链重构这种社会关系网络，不如用区块链来改进和增强这种社会关系网络。

3.3.2.2 安全与隐私保护问题

在区块链应用落地的挑战中，一个重要的问题是安全与隐私保护问题。作为价值互联网的基础设施，区块链系统各节点之间的信息公开透明，而其中可能包含用户不想对外公开的隐私信息，如何保护好用户的隐私是区块链应用能否实现大规模落地的关键。常见的区块链隐私保护手段包括信息隐藏和身份混淆等，身份混淆技术是将用户在区块链上的身份进行部分匿名化，利用群签名、环签名等签名技术对交易双方的身份信息进行混淆，使其无法将交易对应到真实的用户，只有在必要时监管者才可以用监管者私钥查看用户信息，以保证身份安全。信息隐藏通过零知识证明和安全多方计算等技术，在不透露任何隐私信息的情况下进行交易，并保证结果可信，有效地保护了用户的交易隐私，但由于增加了计算过程，导致系统的效率有所下降，在实际的应用中还需要进一步完善。

3.3.2.3　链上链下数据协同问题

传统的信息系统和区块链系统是两种存储数据的方式，在使用过程中各有其局限性。一方面，区块链系统需要链下的信息系统来扩展计算和存储能力；另一方面，传统的信息系统需要区块链技术来解决信息孤岛和防篡改的问题。这就需要将区块链技术和传统的信息系统有效结合，而其中最关键的一点就是确保链上数据和链下数据的关联性与一致性，只有正确地将链上数据和链下数据进行结合，才能将区块链技术真正应用到实体经济当中。

目前为了解决链上数据和链下数据协同的问题，国内外专家学者进行了一些研究，以太坊团队提出了 Qraclize 服务，将预言机独立于区块链系统之外，为区块链提供链下数据访问服务，但需要可信第三方保证预言机的数据安全，中心化特征明显。受边缘计算技术启发，侧链和状态通道技术被提出，可以用于将链上的计算过程转移到链下进行，这就需要通过密码学的手段保证链上数据和链下数据的一致性。IPFS 等分布式存储技术结合区块链，通过哈希手段保证了链上与链下数据的一致性，但除哈希值外，链上与链下数据没有其他关联，实用性不足。未来对于链上与链下数据协同的研究应该在保证数据一致性的同时尽量提高数据的关联性，使链上与链下数据真正做到有机协同。

3.3.2.4　区块链人才匮乏

区块链技术是一门多学科跨领域的技术，涉及密码学、通信、计算机网络、数学、金融学、博弈论等相关学科，因此区块链的研究人员需要具有深厚的理论知识储备和广阔的学习范围，区块链底层架构人员需要掌握多门学科的专业技能，深入理解区块链的底层设计原理，并具有对区块链系统中存在的问题进行分析和解决的能力。区块链业务开发人员需要具有丰富的行业开发经验，针对具体的应用场景对区块链应用进行具体的业务逻辑设计。这些人才在我国当前还比较匮乏，需要国家针对这一需求对高校和科研院所的课程和培训体系进行优化，开设更多的区块链相关课程，增加课程的理论广度和深度。

另外，虽然我国目前区块链相关企业越来越多，但真正具有核心技术、能够全面解决区块链相关问题、实现技术突破的团队屈指可数。根本原因一是前面提到的区块链人才匮乏，二是资金不足。由于短期回报较少，中小团队难以负担研发所需的巨额资金，这就需要国家在政策上予以照顾，为有能力在区块链核心技术做出突破的团队提供必要的资金支持，着力攻克一批关键核心技术，从而加快区块链应用落地。

3.3.2.5　项目冷启动问题

区块链技术发展到目前为止，还没有大规模级别的商业化应用，这与区块链项目的冷启动有关，在技术应用初期，需要有权威方来推动项目启动，建立一个较好的经济模型和激励机制，让参与者觉得能在参与项目的过程中得到一定的好处，如果没有人去牵头进行项目冷启动，项目的优势就很难体现出来，也就难以真正落地。国家和政府要对设计敏感信息的场景进行全方位监管，利用国家的公信力为区块链项目进行背书，使人们对区块链项目更加信任；行业巨头和区块链技术核心企业应该深度合作，做出良好的应用先导示范，并面向全国推广自身的应用落地经验，同时应防范其他企业出现争相模仿、一拥而上的现象，使区块链项目安全落地。另外，要实现区块链项目落地需要有一个可持续发展的环境，在项目的参与方之间构造一个良性循环，增加其对项目的参与度，要从长远角度考虑，加快推进区块链安全标准构建和数字技术研发，掌握数字技术主导权，通过标准先行、规范驱动方式促进区块链的可持续发展。

第 4 章
业务应用需求及典型应用场景

电力系统是由发电厂、送变电线路、供配电所和用电等环节组成的电能生产与消费系统。电力系统会对接不同的电力信息系统来完成电力生产、计量、交易、控制、调度等环节，使电力用户侧能够使用到优质、稳定的电力。区块链的去中心化运营特性能够使分布零散、种类繁多、难管控的"源储荷"组件在分布式中自主协调，形成一个分布式自主的电力能源运行系统，从而进一步促进可靠、低成本、有效的电力能源生产、消费与传输。

4.1 发电类应用：电力发电业务应用

4.1.1 业务应用需求

目前，能源发电侧和需求侧仍依托煤炭、石油、天然气、电能、热能等多种能源，通过"源—网—售—荷"全环节的能源交互，满足各类用户的电、热、冷等用能需求，建设清洁低碳、安全高效的能源体系，是我国能源改革的发展方向。多种能源系统逐渐由传统的集中决策模式演变成分布决策模式，其中分布式发电发挥着重要作用。分布式发电包括太阳能发电、风力发电、生物质能发电等，可就近利用清洁能源资源，具有能源利用率高、污染排放低等优点，代表了能源发展的新方向和新形态。目前，分布式发电已取得较大进展，但仍受市场化程度低、缺乏交易机制和平台保障、公共服务滞后、管理体系不健全等因素的制约。

分布式发电里面的典型并网技术包括微电网和虚拟电厂。微电网是通过电力电子技术将分布式电源、储能设备、能量转换设备、控制与保护设备及负荷组成小型发配电系统，其优点在于能够保证重要用户的电力供应不间断、提高供电可靠性、减少馈线损耗，但也存在一定的物理局限性。虚拟电厂则不受地理位置的约束，其通过网络通信、智能计量、数据处理、智能决策等先进技术协调管理所辖区域内的集中式、分布式能源参与电力市场和电力系统的运行。

无论是微电网还是虚拟电厂，都存在以下缺陷。

（1）复杂异构的分布式电源设备之间，以及分布式发电设备和储备设备之间存在信任问题，加剧了能源电力信息共享困难。

（2）可再生能源的随机性、波动性、间歇性，使电力必须即产即用，因此分布式能源的动态组合很难达到理想的利用率和整体效益。

（3）各个能源子系统的价值单位不同，将导致能源系统在能量流动和价值流动过程中的成本激增。

4.1.2 典型应用场景

虚拟电厂（virtual power plant，VPP）是以电网云为基础的分散式电厂，可以汇集多种类型的电源，以提高电网可靠度的系统。电力来源通常由不同类型、可调度和不可调度、可控制或灵活负载的分散式发电系统构成。一般虚拟电厂既要满足海量的分布式能源资源（distributed energy resources，DER）实时参与电力市场交易，又要有效控制分布式电源并网行为以确保电力系统安全、可靠地运行，其协调控制技术从机制设计到技术实现均具有较大难度。区块链技术的不可篡改性、分布式记账，能够为解决上述问题提供新的研究思路。

区块链因其分布式记账特性能够为虚拟电厂的电力交易和调度提供透明、公开、可靠和低成本的去中心化平台，使不同类型的分布式电源产生的数据能够高效、快速地交叉验证和可信共享。采用区块链技术的虚拟电厂与各分布式能源之间可以在信息对称的情况下进行双向选择，分布式的信息系统和虚拟电厂内部分布式能源相匹配，各发电单元自愿加入虚拟电厂并共同进行系统的维护工作。每当有新的分布式能源加入虚拟电厂时，通过数字身份验证对各分布式能源的信息进行验证，并保证其受已定的激励政策和惩罚机制约束，从而使得区块链技术能在虚拟电厂与分布式能源之间生成有效的智能合约，并保证自动且稳定地执行。

在发电生产环节，在分布式账本中可实时获取用电需求量，并根据该需求量制订发电单位的发电计划，并适时调整各发电单元，尤其是使用非可再生能源发电单位的电力生产指标，避免无效的产能。在电力交易撮合环节，设计多种能源交易的智能合约。当分布式电源产生满足用户自身负荷之后，如果电能剩余，则输送给电网，如果电能不足，则由电网向用户提供电能。通过智能合约的自动执行电力交易，提升了 VPP 电力交易的效率、可信度和自治性。

通过区块链激励机制将虚拟电厂协调控制手段和分布式电源的独立并网行为有机联动，在确保电力系统安全、可靠运行的基础上，实现分布式发电的高渗透、高自由、高频率、高速度并网。区块链的虚拟电厂应用如图 4-1 所示。

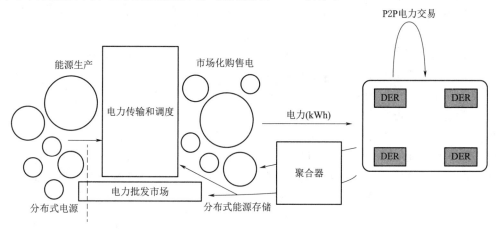

图 4-1 虚拟电厂的发电侧、需求侧示意图

4.2 交易类应用：电力交易业务应用

4.2.1 业务应用需求

随着我国电力体制改革的不断深化及清洁能源的高速发展，电力市场交易主体日益多元化，主体间关系更趋复杂化，与此同时，分布式能源、电动汽车等新型电力交易业务的快速崛起以及互联网、通信等技术不断创新，电力消费模式正在发生变化，新型电力交易模式也将不断涌现，传统电力交易机制与技术支撑能力均面临严峻挑战。

目前，参加电力交易的市场主体包括发电企业、售电公司、电网企业及电力用户，交易模式主要由双边协商、集中竞价和挂牌交易 3 种方式组成。传统模式下，电力交易业务主要由交易中心统一组织开展，发电企业、售电公司、电网企业及电力用户将电力交易需求信息集中至交易平台，经核实后根据相关交易方式开展市场化交易。在我国全力推动可再生能源消纳，加快分布式发电市场化交易的背景下，传统电力交易机制存在难以适应新能源高速发展下就近消纳、直接交易的业务需求。同时，对新能源、微电网、虚拟电厂等缺乏高效技术支撑，一定程度上制约了电力交易的市场化发展。新一轮电改后，售电企业、发电企业、电网公司、电力用户均可作为交易主体参与电力市场交易，电力交易参与者激增，如何在大量用户参与下对交易主体身份进行核实校验来确保交易安全，实现电力交易多主体互信，保证电力交易的公平透明与信息有效性、私密性、安全性，也成为新型电力交易模式下亟须解决的问题。另外，面对分布式能源、电动汽车等多种新型电力交易模式的兴起，传统电力交易手续繁琐，流程复杂，大量产消者的存在导致交易管理效率低、决策耗时长，难以满足实时交易、快速结算的需求。

4.2.2 典型应用场景

分布式发电市场化交易作为能源变革的重点内容，对平衡传统的集中式电力交易模式、促进能源的高效管理和利用具有关键作用。分布式发电具有能效利用合理、损耗小、污染少、运行灵活、系统经济性好等特点，分布式能源系统在需求侧可根据用户对能源的不同需求，实现能源梯级利用，将输送环节的损耗降至最低，从而实现能源利用能效的最大化。

基于区块链技术的分布式电力交易机制，通过数字签名、共识机制、智能合约、非对称加密算法等关键技术，有效实现对用户身份的核验，保证交易的安全性、公开透明性和数据可靠性；用户和分布式能源服务商在交易周期开始前将报价加密传输至区块链平台，通过买卖双方报价匹配达成交易，实现分布式能源服务商出售电能的利益最大化和用户购买电能的成本最小化；交易合同经买卖双方、电网企业三方签名后生效，智能合约交易执行费用自动结算，因而提升了执行效率，降低了执行成本。同时，利用区块链的不可篡改特性，将关键数据上链存证，也可为监管交易提供有效的监管方式，降低监管成本，提高监管效率；分布式能源交易市场中有许多节点参与竞争交易，基于区块链的分布式能源交易网络中每个节点处于平等地位，为防止恶意节点或不积极节点，设置信誉值列表，保证分布式电力交易系统正常运转。

1. 基于区块链的交易主体身份认证

利用区块链技术的信任成本低、信息不可篡改等特点，可以有效解决分布式电力交易中存在的参与方众多、记账不清晰、账期较长等问题。通过区块链技术实现用户的身份认证，将用户信息存储在区块链上，确保非篡改公钥和非对称加密组合保护隐私，实现电能产销者的隐私安全，实现参与方的身份确认。基于区块链的分布式交易主体身份认证如图4-2所示。

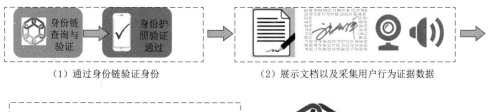

（1）通过身份链验证身份　　　　　　（2）展示文档以及采集用户行为证据数据

（3）对身份、时间、内容、行为进行认证与签名　　（4）关键信息入链

图4-2　基于区块链的分布式交易主体身份认证

依据分布式发电市场化环境，设计分布式电力交易匹配模型，结合能源供需双方、电力企业的市场化运行条件，构建基于智能合约技术的分布式电力交易匹配模型，为分布式电力交易提供优质服务，实现电力交易的利益最大化。

2. 基于区块链的自动结算

分布式电力交易合约自动结算，利用区块链的分布式存储、共识机制及数字签名技术，在无需引入第三方机构信任背书的情况下，实现电子合同的线上签署。交易合同经买卖双方、电网企业三方签名后生效，智能合约交易执行费用自动结算，解决了交易流程中存在的复杂过程，有效提升了分布式电力交易的效率。

区块链实质上依赖分布式账本技术，充分利用多个节点共同维护链上数据的真实性。自动结算的合约，其关键数据经加密上链存证在电力交易链上，提供司法级背书，可为未来可能存在的纠纷提供信任凭证。基于区块链的交易合约自动结算如图4-3所示。

3. 基于区块链的点对点交易

分布式能源交易市场中有许多节点参与竞争交易，基于区块链的分布式能源交易网络中每个节点处于平等地位，即任何节点都不能成为市场的支配者、控制者。当市场价格剧烈波动时，有关监管部门可通过相同或不同交易周期内的竞争均衡价格数据变化，制定相关宏观调控政策，保证市场良性竞争，如图4-4所示。

4. 基于区块链的分布式电力交易应用成效

分布式电力交易的发、用电双方都在电网末端，具有参与主体数量大、单笔交易规模小、点对点等特点。区块链技术作为非对称加密的分布式账本，具有去中心化、不可篡改、匿名等特点，与分布式电力交易的需求十分契合。基于区块链的分布式电力交易技术，在多个用户之间建立平等可信的去中心化交易网络，实现用户之间公平、点对点、

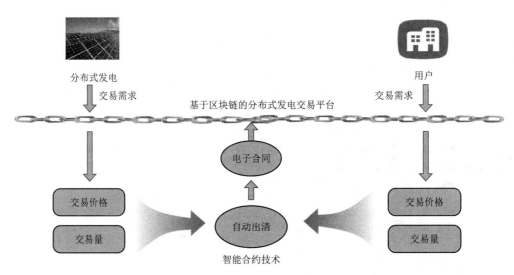

图 4 - 3　基于区块链的交易合约自动结算

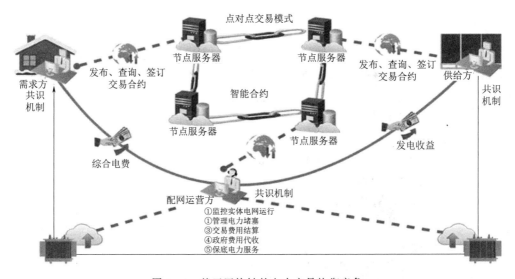

图 4 - 4　基于区块链的电力交易均衡竞争

实时、相互信任的交易，可以实现公平性、公正性以及降低交易的不确定性，满足了分布式电力交易的需要，提升了电力交易的效率，有效推动了能源产业的变革。

4.3　安全监管类应用

4.3.1　电力调度业务应用

4.3.1.1　业务应用需求

　　电力调度业务是以电网运行控制为核心，以发供电平衡为原则，进行计划排程和运行方式编排,监视控制电网在安全、稳定的状态下运行,通过各种电网运行技术的支持,以自动化、信息技术为支撑,以专业管理、职能管理为保障手段,实现电网安全、稳定、优质、经济运行的目标。从管理学角度讲,电力调度是为了保证电网安全稳定运行、对外可靠供电、各类电力生产工作有序进行而采用的一种有效的管理手段。电力调度在整个电网系统运行管理中发挥着指挥引导作用。

当前,随着新能源发电装机容量持续增加,电网的峰谷差日益增大,电能质量和电网安全运行都受到较大影响,对电力调度要求越来越高。为了保障电力系统的安全、优质、经济运行,维护发电企业的合法权益,促进电网和发电企业协调发展,电力监管部门出台了相关政策办法,采用经济处罚手段奖优罚劣,规范市场秩序,提高发电企业的运行管理水平和参与服务的积极性。能源监管机构要求电力调控机构按照公平、透明的原则,在调度运行管理、信息披露等方面,平等对待各市场主体。各市场主体对调度运行管理和考核结果的公开透明程度需求愈发强烈,进一步实现公平、公正、公开的调度是必然趋势和要求。

4.3.1.2 典型应用场景

1. 基于区块链的透明调度

构建基于区块链的调度信息交互和数据存储中心,有效地将区块链技术在数据存储、信息安全、数据互操作性方面的优势引入调度系统中。通过区块链实时发布发电信息及用电需求,基于区块链智能合约自动匹配需求并制订电力调度计划,可实现电网自适应调度和运行,提升运行效率和信息安全能力,促进能源更合理消纳。基于区块链的透明调度运行机制总体思路如图4-5所示。

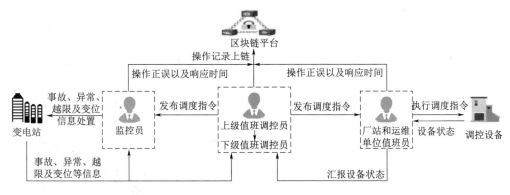

图 4-5 基于区块链的透明调度运行机制总体思路

(1) 参与到调度系统的各个用电单元,将各自的用电需求信息提交到交易市场,交易市场将用电信息汇总,并提交到区块链平台。

(2) 各交易市场中的发电单元将自己的发电信息发布至区块链平台,通过共识算法形成发电单元索引列表,各个用电单元都可以根据发电单元索引信息寻找适合自己的发电单元。在选择过程中通过综合考虑具体的用电场景以及各发电单元的性质和参数,制定智能合约,基于智能合约可以根据不同的情形确定各个用电单元对接的发电单元集合,从而实现最优的供需交易结果。

（3）在发电计划匹配成功后，各发电单元完成自己的发电任务，通过输电系统运营商进行电力配送，最终将电能输送到相应的用电单元。同时，输电系统运营商与区块链平台不断进行信息的审核确认，以保证每笔用电交易都准确完成。在此过程中，将电力交易信息上传至区块链平台存证。

2. 基于区块链的电力调度考核评价

依据电力监管机构发布的《发电厂并网运行管理实施细则》和《并网发电厂辅助服务管理实施细则》（以下简称"两个细则"）设计的，对保障电力系统安全、优质、经济运行，维护电力企业合法权益，加强辅助服务管理和并网电厂考核工作，促进厂网协调发展，规范市场秩序，推进电力市场建设，提高电能质量和安全稳定运行水平具有重要作用，基于区块链的电力调度考核流程图如图 4-6 所示。

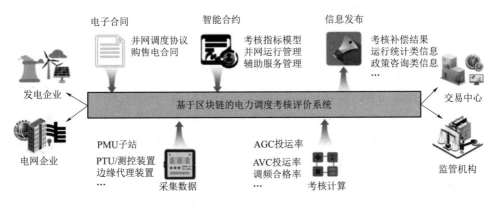

图 4-6　基于区块链的电力调度考核流程图

基于区块链的电力调度考核，具体实现过程：将发电企业和电网企业《并网调度协议》和《购售电合同》实现线上签订并上链存证，有效避免合同的篡改和伪造，提高合同存证的安全性和真实有效性，真正实现具有法律效力的线上签约。基于区块链的电力调度考核评价系统实时采集发电企业 PMU 子站、RTU/测控装置、边缘代理装置等数据信息并进行上链存证操作，有效保证源头数据的真实性和完整性；利用区块链的智能合约技术构建"两个细则"指标考核模型，将智能合约通过广播发送到区块链中，与其他区块链节点进行同步，在多方节点下共同完成指标考核计算，并将考核结果进行对外发布，实现电力调度考核评价全过程的公开透明、真实可信和可追溯。

4.3.2　安全生产业务应用

4.3.2.1　业务应用需求

经过多年的信息化建设，现有的电力行业安全防护系统已具备较强的安全防护能力，但电力行业企业多、业务杂，具有彼此独立、防护手段差异大等特点，导致无法做到数据有效共享和防护技术的协同应用，且当前以中心化构建电力防护设施的模式不但暴露了性能瓶颈问题，且非常容易因为单点故障或被攻击而瘫痪，继而波及能源服务和能源应用程序，引发巨大的连锁反应，使电力复杂系统全局失效。基于区块链的电力安全在当前情形下脱颖而出，利用区块链的分布式存储、不可篡改、安全可信等特点可解决电力安全生产中的数据实时共享、多方共用等问题，提升能源安全的监管能力，提高电网对外供电能力，增强电力行业应对日趋严峻的网络威胁、隐私保护等问题的能力。

4.3.2.2 典型应用场景

1. 基于区块链的数字化工作票

当前，输、配、变电等生产业务现场工作票采用电子开票纸质办理的形式，在执行层面和管理层面存在工作效率低、管理成本高、执行过程不规范等弊端，尤其体现在以下3个方面：一是工作票的真实性难以保证，工作票不规范、造假等现象普遍存在；二是工作票签发人、负责人、许可人等身份信息认证缺乏可信度；三是事故事后追责证据缺乏可信力。

工作票整个流程各关键环节可通过区块链平台存证，并将相关记录与操作行为执行人的身份信息对应，通过区块链身份认证体系，确保操作人身份可信，并把身份信息和对应的操作信息上链存储，保证操作记录中操作人和操作行为的一致性，确保相关操作责任人的有效记录真实可信、不可篡改、全流程可追溯，并利用智能合约对是否存在时间冲突、开工前安全措施是否完成等问题执行合规检测，实现了上链前和上链后身份信息、操作信息唯一性的安全加固。基于区块链的数字化工作票如图4-7所示。

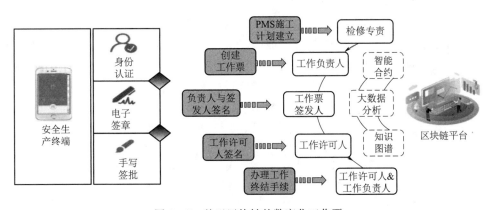

图4-7 基于区块链的数字化工作票

2. 基于区块链的安全事故管理

安全风险管控系统是囊括省、市、县级公司的一体化安全生产管理系统，包括安全事故管理、安全隐患管理、综合业务管理、安全监察管控、安全培训考试、班组安全建设等安全监督管理业务。

在安全事故管理方面，应用基于区块链技术的共享知识图谱技术，可实现对电力生产事故（事件）责任明确划分与追究，通过区块链数据融通、不可篡改等特征，在保证事故（事件）信息真实性的前提下，将省、市、县级公司各类事故（事件）统一收集，应用大数据分析技术生成知识图谱，进而实现对事故类型的分析、责任主体的判定以及阶段性频发事故（事件）的预警能力。利用智能合约技术对各级责任主体的责任追究和奖励惩罚实现程序化管理，并通知相关部门，最终建立责任划分、追究管理的一站式、全流程、透明化的服务流程，有效解决安全隐患及其责任划分不清晰、追责流程复杂、责任人之间相互推诿等诸多问题。基于区块链的安全事故应用如图 4-8 所示。

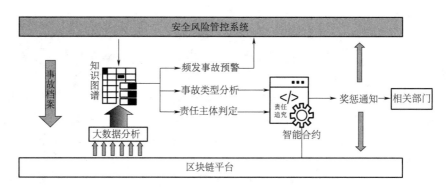

图 4-8　基于区块链的安全事故应用

3. 基于区块链的电力信息网络安全预警

通过建设基于区块链的网络安全防护平台，依托区块链分布式存储、共识机制、不可篡改等特性，实现网络安全设备配置文件上链存储；通过定期比对，发现异常变动，确保安全事件可探测，降低人工核查成本，实现各类安全日志真实无篡改，预防非法删除，从而提升公司整体安全防护与反制能力；基于平台日志分析确定威胁源地址，通过设备联动，实现自动封禁，将封禁行为信息上链存证，为监管和追责提供可信的依据；基于区块链的去中心化机制，构建安全运行穿透式管理机制，提升电网网络安全管理水平。基于区块链的电力信息网络安全预警如图 4-9 所示。

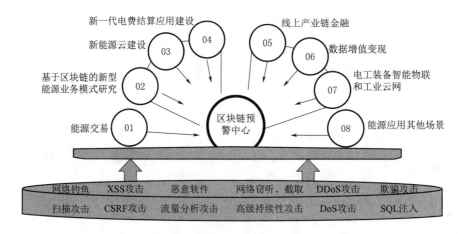

图 4-9　基于区块链的电力信息网络安全预警

4.4 电力金融类应用

4.4.1 电力保险业务应用

4.4.1.1 业务应用需求

1. 保险业务

（1）数据信任问题。因为停电数据在供电公司的中心化服务器上，用户和保险公司无法完全信任停电数据；保险理赔过程数据在保险公司的中心化服务器上，用户和供电公司无法完全信任理赔数据；监管部门也担心供电公司和保险公司的数据作假问题。

（2）数据安全问题。停电数据和理赔数据都存储于中心化服务器上，一旦中心化服务器被攻破，将导致数据丢失而不可恢复；掌握超级权限的人可以修改、损坏关键数据。

（3）理赔成本高。传统保险需要经过用户报案、相关方人员现场踏勘、书面审核，耗时耗力且容易出错，用户体验感降低，理赔成本高。

2. 用户需求

（1）企业用户。当发生停电时，企业用电客户会有潜在的设备受损风险、停电瞬间产品报废风险、人工成本损失风险、产品无法按期交付等各种风险。因此企业用户购买商业保险规避企业损失的需求广泛。

（2）居民用户。停电将导致空调、电暖无法使用及冰箱食品变质风险。同时，与航班延误险相似，停电险将一定程度给予客户情感补偿。居民用户数量庞大，流量效益大。停电事件原因复杂多样、举证困难、易产生纠纷、索赔难度大，保险公司需要人工踏勘，理赔手续复杂。因此，更倾向于选择可信、高效、便捷的保险产品。

4.4.1.2 典型应用场景

针对客户停电损失补充有限的痛点，应用终端停电信号精准计算理赔款，运用区块链技术搭建互信高效的应用平台，实现电力数据价值变现，为供电公司及保险公司双方打造新的盈利增长点。基于区块链的停电险如图 4-10 所示。

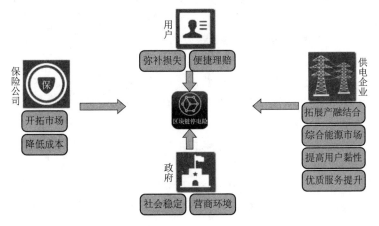

图 4-10 基于区块链的停电险

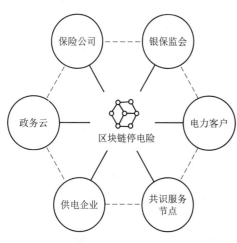

图 4-11 区块链在停电保险中的应用价值

通过搭建电网公司、用户、保险公司、监管部门多方参与的区块链平台，将投保客户的停送电等数据接入区块链，一旦触发理赔条件，保险公司无需人工现场核损，即可基于链上数据按停电时长和合同约定自动实时理赔，降低公司经营风险，实现数据价值变现，具备较好的跨界盈利模式，如图 4-11 所示。

（1）破解平台信任问题。区块链技术具备分布式存储、不可篡改等特征，将平台服务器部署在保险公司、电网企业、监管部门三方，解决了保险公司、用电客户对业务应用所涉及的电力数据信任度不高的问题。分散化管理无需中心化服务器，规避昂贵的运维费用，降低成本，同时避免中心化服务器受到攻击时，数据难以恢复的安全问题。

（2）破解电网企业数据安全问题。区块链技术有效整合了多项数据安全技术。其中，访问权限限制、数据存储及传输加密、上链数据匿名处理等三项技术的应用，保障了电网企业的数据安全。

（3）破解用户的数据安全问题。用户个人数据，包括用电数据、个人金融数据加密存储在区块链上，用户必须将私钥授权给智能合约和公共机构才能进行查看，解决了用户数据被盗取滥用的问题。

（4）破解理赔低效问题。区块链技术具备智能合约自动触发的特征，可将保险合同设置为代码形式，免去理赔申请与现场查勘环节，解决了保险理赔程序繁琐、运营成本高的问题，实现快速实时理赔。

4.4.2 电力金融业务应用

4.4.2.1 业务应用需求

电力金融作为一种金融业态，是电力能源市场逐步与金融市场互相渗透、彼此融合的产物。在这个过程中，电力能源的金融属性不断发展、深化，金融市场的广度也进一步得到延伸和拓展，金融市场的资源配置功能也进一步得到增强。电力金融市场作为一种高级的电力市场业态，具有价格发现和规避风险的市场功能，凸显引导社会资本投资电力市场的融资功能，还能促进电力市场的公平有序竞争和平稳运行。电力金融业务应用主要包括电力应收账款融资、供应商订单融资、固定资产质押融资、电力资产证券化融资和光伏发电融资租赁，如图 4-12 所示。

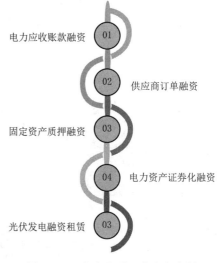

电力应收账款融资 01
02 供应商订单融资
固定资产质押融资 03
04 电力资产证券化融资
光伏发电融资租赁 05

图 4-12 电力金融五大业务应用

在以上的融资方式中，目前存在以下一些缺点。

（1）融资体系中企业之间的 ERP 系统互不相通，企业之间处于信息割裂状态，信息透明度较低，存在明显的信息孤岛，合作信任缺失，安全性较低，且可能存在订单不实、固定资产信息造假、纸质单据造假、电力底层资产虚报等现象，这会严重影响企业之间的合作，不利于整个电力行业的发展。

（2）履约风险无法有效控制。在买卖双方、融资方和金融机构之间进行结算时存在违约风险，即融资方在收到款项后，可能会不偿还银行贷款，导致金融体系遭受破坏，不利于金融市场稳定发展。

（3）存在重复融资问题。融资企业会凭借自身的信息优势同时向几家金融机构申请融通资金，如融资企业可以借助供应商订单融资和固定资产质押融资等方式进行重复融资，一旦无法还款时，这些金融机构则会面临危机，不利于金融市场稳定发展。

（4）融资难、融资成本高且融资效率较低。融资企业想要获得银行的贷款，必须向银行提交相关材料进行申请，且银行需要对融资企业进行详细审查，进而确定授信额度，审批程序繁琐复杂，财务处理过程冗杂。整个流程会耗费大量的时间成本，并且到期还款时结算效率较低。

（5）电力应收账款融资业务中核心企业信用只传递到一级供应商，不能在整条供应链上做到跨级传递、不能拆分，且可信的贸易场景只存在于核心及其一级供应商之间，缺乏丰富的可信贸易场景。

（6）光伏发电融资租赁中补贴资金普遍出现晚到位的问题，特别是大型地面电站的补贴资金普遍出现晚到位的问题，这对项目的经济效益造成了很大的影响，同时还影响了股东的还款能力；发电设备会出现权属混乱问题，使得所有权和使用权权属不明确。

4.4.2.2 典型应用场景

1. 电力应收账款融资

将电力应收账款中的所有流程，包括一/二级供应商、核心企业、销售商与投资商和金融机构以及监管机构等多方之间产生的交易数据及时、准确地上传到分布式区块链账本上，让链上的参与方可以实时并且低成本地查询到关联方的信息，能够高效地增加彼此之间的信任，有助于供应链生态圈的建设。同时，通过不可篡改、可追溯的特性使得身份信息和交易数据能稳定且真实地保存在链上，使用分布式共识机制达成一致性，防止恶意节点的攻击，除非能控制一大半的节点，否则很难篡改信息，且篡改成本很高，并且可提前将智能合约相关条款写入区块链，一旦核心企业收到产品并承诺付款，则应该立即将款项直接点对点地划入到金融机构，避免出现失信危机，如图 4-13 所示。

区块链是点对点通信、数字加密、分布式账本、多方协同共识算法等多个领域的融合技术，其对电力应收账款融资业务的作用具体如下：

（1）解决信息孤岛问题。区块链作为分布式账本技术的一种，集体维护一个分布式共享账本，使得非商业机密数据在所有节点间存储、共享，让数据在链上实现可信流转，极大地解决了电力应收账款融资业务中的信息孤岛问题。

（2）传递核心企业信用。登记在区块链上的可流转、可融资的确权凭证，使核心企业信用能沿着可信的贸易链路传递。一级供应商对核心企业签发的凭证进行签收之后，

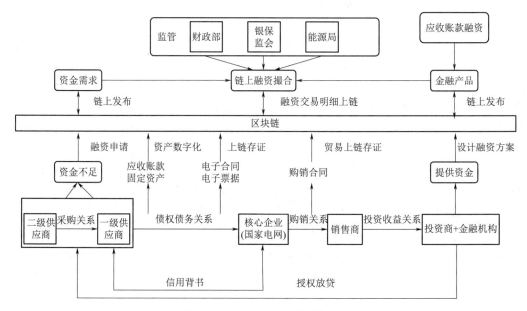

图 4-13 电力应收账款融资场景

可根据真实贸易背景，将其拆分、流转给上一级供应商，核心企业的背书效用不变，且整个凭证的拆分、流转过程可溯源。

（3）丰富可信的贸易场景。在区块链架构下，系统可对供应链中贸易参与方的行为进行约束，进而对相关的交易数据整合上链，形成线上化的基础合同、单证、支付等结构严密、完整的记录，以佐证贸易行为的真实性。在丰富可信的贸易场景下，大大降低了银行的参与成本。

（4）智能合约防范履约风险。智能合约的加入，确保了贸易行为中交易双方或多方能够如约履行义务，使交易顺利、可靠地进行。机器信用的效率和可靠性，极大提高了交易双方的信任度和交易效率，并有效地管控履约风险。

（5）实现融资降本增效。在区块链技术与供应链金融的结合下，上、下游的中、小企业可以更高效地证明贸易行为的真实性，并共享核心企业信用，可以满足对融资的需求，并提高整个供应链上资金运转效率。

区块链供应链金融和传统供应链金融的对比见表 4-1。

表 4-1　　　　　　　区块链供应链金融和传统供应链金融的对比

类　　型	区块链供应链金融	传统供应链金融
信息流转	金链条贯通	信息孤岛明显
信用传递	可达多级供应商	仅到一级供应商
业务场景	金链条渗透	核心企业与一级供应商
回款控制	封闭可控	不可控
中小企业融资	更便捷、更低价	融资难、融资贵

2. 供应商订单融资

供应商订单融资通过区块链可以实现点对点交易，省略第三方中介，使得效率更高；供应商、核心企业和银行等三方所发生的交易及时上链，构成了链上数据并加以存储。同时，将与订单相关的票据和合同进行上链存证，保证交易的真实存在。以下是供应商、核心企业和银行之间交易所发生的步骤（图4-14）。

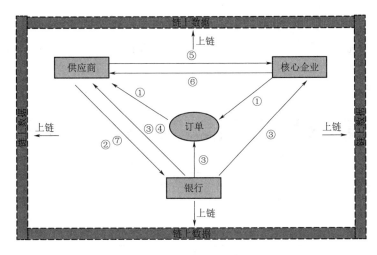

图4-14 供应商订单融资场景图

（1）核心企业（买方）与融资企业（卖方）签订销售合同，融资企业获得订单。

（2）融资企业根据订单向银行申请贷款。

（3）银行审核融资企业能否达到贷款标准，审核项目主要包括订单的有效性、融资企业的生产能力、核心企业的信用状况。

（4）若融资企业达不到贷款要求，则银行拒绝授信；当达到要求时，银行根据前面的工作确定授信额度，并与融资企业、核心企业签署相关合同，银行授信给融资企业。

（5）融资企业获得授信后，购买所需要的电力设备并组织生产，并把成品交付给核心企业。

（6）核心企业支付货款给融资企业。

（7）融资企业向银行偿还贷款。

在订单融资模式下，商业银行面临的信用风险影响因素更为复杂。融资企业获得资金后，有可能把资金挪为他用而不用于生产订单的产品，融资企业生产没有按时完成，可能还要面临核心企业的索赔，这些因素都会加大商业银行面临的信用风险。

区块链是点对点通信、密码学、分布式账本、共识算法等多项技术的综合体，具有不可篡改、可溯源、公开透明等特性，在供应商订单融资业务中的价值如下：

（1）利用区块链技术可以保证订单的安全性、不可篡改性以及可追溯性，能够抵御系统中大部分的操作风险，避免虚假或者高估额度的订单。

（2）设置准入门槛，想要进行订单融资的企业必须将企业相关信息上链保存，便于银行对其进行审核和授信额度的确定，一旦发现供应商曾经存在违约状况，可以一票否决，同时将授信额度上链。

（3）运用区块链可追溯的特性将订单信息和该订单所对应的融资项目上链，通过共识机制来确保一致性，防止一个订单被多次用来融资，避免重复融资的出现。

（4）在区块链技术的作用下，各个参与方的信息会共享在链上，链上企业可以更便捷地查看非保密信息，缩短审核时间，降低时间成本。

3. 固定资产质押融资

利用区块链"可信公共总账"的本质，对固定资产质押融资的信息流、票据流、资金流的管理进行优化处理，将质押票据的开立到销毁都记录在区块链上，保证数字票据的可追溯性，解决票据重复质押的问题。利用区块链共识机制来提高业务可信度，减少欺诈风险，如图 4-15 所示。

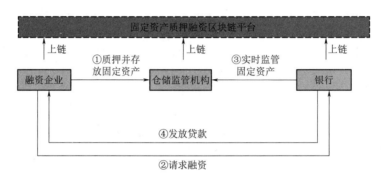

图 4-15 固定资产质押融资场景

针对固定资产质押融资中可能出现的问题，基于区块链技术可以很好地解决这些问题，具体表述如下：

（1）运用"区块链＋物联网＋固定资产质押融资"模式实现对固定资产的有效监控。采用物联网的机器视觉、图形计算等感知技术实现对固定资产的位置、体积、温度、移动等状态的自动监控，且物联网系统可通过手机等移动设备进行连接，实现对资产的日常、实时监控。同时，将物联网中所监控到的信息实时上链，使得链上监管机构及时共享到固定资产相关信息，从而规避了监管机构的道德风险，将主观信用转化为客观信用。

（2）运用区块链技术厘清货物权属。通过区块链分布式账本对每个货主的固定资产权属交易进行记录，并通过区块链可溯源的特性来佐证货主对货物的所有权，从而解决资产权属不清的问题，一定程度上规避了货物重复融资的风险，促进了银企互信，保护了银行合法权益。

（3）数字化存储防范单据伪造风险。固定资产质押融资系统将区块链技术与物联网技术相结合，运用区块链防篡改的特性将物联网感知的数据以数字化存证的形式存储，便于查询和追溯，为未来的业务发展提供真实、可靠的数据支撑。

（4）去中心化，简化程序，降低成本，提高融资效率。由于传统商业银行等金融机构对固定资产质押业务审批程序繁琐复杂，企业融资成本高。区块链技术可以直接有效沟通投融资双方，保证融资环节的公开透明，并接受联盟链各方的监督，大大简化了财务处理过程和交易审批流程。中小企业能够高效地获得与其相匹配的融资，降低中间商的手续费，融资成本也大大降低；同时，银行也能够实现精准投资，减少投资风险，提高投资效率。

（5）构建联盟链，增加彼此之间的信任。该联盟链的参与方包括融资企业、仓储监管企业和银行等，把各方基本信息共享到区块链上，各方在合作时能够随时查看其他企业的资质信息，有助于减少各方的成本。

4. 电力资产证券化融资

电力资产证券化区块链联盟由资产方、Pre-ABS投资人、SPV（信托）、托管银行、管理人（投资银行）、中介机构（评级机构、会计师事务所、律师事务所）、ABS投资人（券商、基金、银行、信托等）、交易所共同组成。其核心业务包括资金交易对账、交易文件管理、数据交互接口、信息发布共享、底层资产管理、智能ABS工作流等。区块链技术可为ABS提供全流程解决方案的服务，具体到ABS项目不同阶段来看，如图4-16所示。

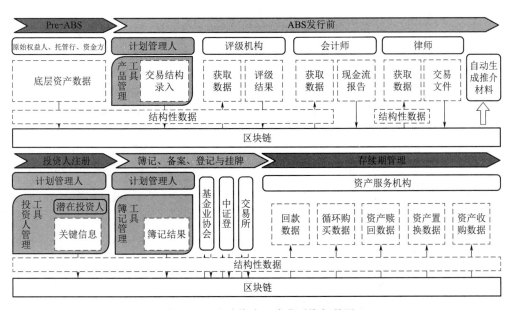

图4-16 电力资产证券化融资场景图

在承做期，首先，区块链可写入底层资产包的真实数据，在此基础上计划管理人设计交易产品结构，同时，各中介机构（评级机构、会计师事务所、律师事务所）根据角色权限获取和发布相关信息和文件，计划管理人通过区块链能够实时获取各中介机构进度和相关报告。最后，基于中介机构录入的关键信息自动生成文件模板，区块链同时对相关文件进行管理。

在承销期，投资人一方面能够及时推送更新的推介材料，降低误操作风险；另一方面，能实时监控底层资产表现，定制路演材料。

在发行期，区块链使产品发行的4个重要节点完全实现自动化管理，即投资人认购信息登记管理自动化、基金业协会备案流程自动化、中证登记流程自动化、交易所挂牌流程自动化。

在存续期，资产服务报告通过智能合约自动生成。

面对电力证券化在实践中面临的一些问题，基于区块链不可篡改、点对点结算、自动执行、公开透明、可追溯等特性，对这些问题进行优化，具体如下：

（1）改善电力资产证券化的现金流管理。区块链技术可实现所有节点自动同步账本，极大降低了参与方之间的对账成本，解决信息不对称问题；通过智能合约实现款项自动划拨、资产循环购买和自动收益分配等功能，降低业务复杂度和出错率，也可以防止底层电力资产出售给 SPV 以及在证券销售时出现履约风险。

（2）进行穿透式监管。利用区块链技术，可以让底层电子资产及时登记上链，有利于监管者及时有效地监管，保证市场健康发展。

（3）提高结算效率。区块链技术可实行点对点支付，绕开第三方平台，能够简化电力资产结算手续，提高结算效率。

（4）增加证券交易的效率和安全性。区块链具有去中心化的功能，证券交易可以在去中心化的平台上自由完成，提高效率，且每笔交易都公开透明、可追溯，保证交易的安全。

（5）降低增信环节成本。由于通常要处理多笔资产，且每笔资产对应着不同的外部担保，因此，在实践中资产证券化目前没有真正实现担保随金融债权资产转让，只是通过法律条款约定了保留担保的权利，在真正出现需要履行担保的情况时再转移担保。基于区块链技术建立点对点的增信保障平台，可有效降低增信转移的成本。

5. 光伏发电融资租赁

光伏发电融资租赁在联合承租人、出租人和供货商之间关系的基础上构建融资租赁生态链，使得承租人能够以高效且较低成本的方式来获得设备使用权，而出租人能够获得合理的资金回报率，避免通货膨胀带来的损失，且供货商也能通过区块链实现自身的销售目标，如图 4-17 所示。

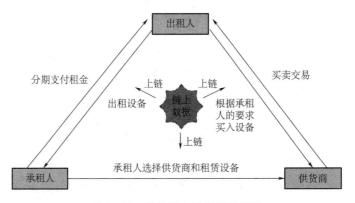

图 4-17　光伏发电融资租赁场景

区块链共识机制保证参与方拥有一致的共享账本，以不可篡改、可追溯的方式，使得参与方可以随时查询链上的非保密信息，减小信息的搜寻成本。点对点的直接交易可以排除第三方中介的存在，可以促进融资活动更有效地进行，从而降低融资成本。

利用区块链的去信任化、智能合约、开放共享等特点，能够对光伏发电融资租赁中出现的问题进行优化，具体作用如下。

（1）区块链是去中心化和去信任的，不需要彼此之间相互信任即可运行，同时，出租人、承租人和供货商可以及时将自身交易信息上链，并进行全网传播、接受监督，通过共识机制确定一致性，实现数据共享，增加彼此之间的信任感，降低信任成本。

（2）将智能合约相关规则和条款编制成计算机程序，并且写入区块链，只要触动预设条件，就会自动执行结果，即给电站及时发放补贴资金，避免电站因资金到位不及时而遭遇营运风险，同时也能减少对出租人的不利影响。

（3）利用区块链技术进行确权，将发电设备进行资产数字化，并通过共识机制来确保上链数据的一致性，避免每个人拥有不一样的账本，保证发电设备权属问题明晰。同时，对相关购买和租赁合同进行上链管理，加盖时间戳进行保存，保证所有权和使用权人权属清晰。

（4）运用智能合约技术，提前将计算机程序编制好上链存储，只要满足预先设定的条件，计算机程序会对各方的银行账户进行自动划拨，减少沟通成本，保证融通资金能够及时到位，避免各方出现因资金周转不灵而出现的财务风险问题。

4.4.3 智慧财务业务应用

4.4.3.1 业务应用需求

当前电网企业的经营活动中，大部分的资金流入和流出主要源于电网企业与用户之间的购售电交易以及电网企业向发电企业的购电交易。值得注意的是，电网财务对电力交易费用核对、结算支付及票据审核入账等工作起着不可或缺的重要作用。电网财务从其财务管控系统接收到电网营销和交易中心上传的上网电量、电价及电费等数据后，对购电明细和购售电结算单进行审核，明确电费数额，通知交易方（用户、发电企业）沟通开票，接收到票据后，再由财务进行发票校验、审核入账、生成支付计划，再将资金流入、流出和相关财务凭证入账。随着电网企业的经营规模日益增长，资金支付安全、信息系统（如 ERP 系统）的数据存储安全及凭证管控安全，对企业会计核算真实性和财务管理精益性至关重要。

在上述业务流程中，存在以下缺点：

（1）整个财务核算流程会涉及多个地区、多个部门，数据传递流程繁琐，数据流以系统接口集成传输，存在多系统同步不实时、错误数据难溯源等问题。各部门在购电费结算业务中的专业目标不协同，电网财务部门处于购售电结算流程的末端，对前期的交易情况缺乏感知，距离核心数据一次采集或录入、共享共用的目标存在较大差距。传统数据使用中心化的储存方式，一旦数据被篡改或丢失，便无法得到及时恢复。

（2）现阶段，电子支付已成为主要支付模式。相关财务人员对 USB 的密钥以及密码疏于管理，被不法分子盗用，或出现一人多职、岗位代办等现象，则直接影响电网企业的资金安全。

（3）传统财务管控系统或 ERP 系统是对数据的中心化汇聚，设备故障、自然灾害、病毒攻击等事故都会对企业内外审计造成负面影响，同时存在内部人员可能为了自身利益篡改或删除财务数据，或工作失误删除部分数据，从而对后续业务造成影响，且难以追溯错误点。

此外，当前发票管理还不完善，票据交易不够公开透明，一票多发、重复报销等现象时有发生，不能保障财务会计核算信息的真实可靠。

区块链分布式数据系统只存储通过验证且交易真实的"营、财、业"信息，一旦形成区块，信息便不可篡改且能够实时追溯，有效避免了错记、漏记、滥记、违记的行为，确保会计核算和财务管理合规、合法、合理。

4.4.3.2 典型应用场景

1. 基于区块链的购售电资金结算

电网公司作为电力供应链的核心企业，上游对接发电企业开展购电业务，下游对接居民/企业用户开展售电业务，电费资金在各主体之间闭环流转。构建区块链购售电资金结算平台可对传统电网购售电结算流程优化，如图 4-18 所示。

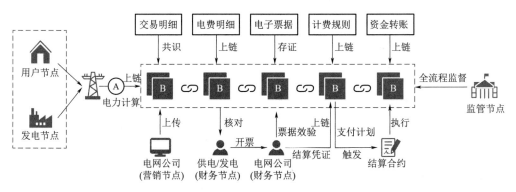

图 4-18 基于区块链的购售电资金结算流程优化

电网公司对每个上网电厂和用电用户进行身份 ID 认证，每台机组和电表都被设置成唯一编号。发电厂输送给电网公司的上网电量及用户所耗用的电量数据都加密上传存证至区块链平台。平台对需要结算的电量按智能合约分解，并触发"量、价、税"合约规则执行自动计费与核对。相关主体（如发电企业、供电公司）将开具的票据传递给电网财务，其财务校验完发票后，对电厂进行购电费支付或对用户进行售电结算，并将资金流入、流出明细在链上可信记账。在区块链上，对应付电厂电费、已付电厂电费、应收用户电费、已收用户电费、清算情况及每笔电费结算的哈希值进行追溯查询。

通过区块链优化电网公司的购售电结算流程，从本质上实现结算数据从一个部门到另一个部门的单点传递到多部门共同维护和协同处理的转变，有效提升了业务流转和结算过程中数据的可靠性和可信度。基于智能合约的共识处理机制，可有效支撑多种不同计费规则下电费的自动结算过程，减少交易摩擦、提高清结算效率。

2. 基于区块链的资金管理

区块链技术与生物识别、可信计算等技术相融合，将个人的生物特征（如虹膜、指纹、人脸图像等生物数据）经过加密算法加密、共识机制验证其合法性后，在区块链上链存证，使其敏感信息不可篡改，提升资金电子支付的安全性。

资金安全支付流程中涉及的相关主体包括用户、内嵌可信硬件芯片的移动终端（用于生物信息采集与支付验证）、企业级区块链应用服务平台。

以人脸识别在移动终端支付为例，用户生物数据流动及支付验证路径如下：用户在区块链应用平台上注册并进行实名认证，向 CA 中心请求生成公私钥，同时在区块链上部署该用户身份的智能合约。采集端将采集的用户人脸等生物数据经图像预处理、人脸特征提取后，加密存储于区块链上，并映射到该用户身份的智能合约中，与用户实名身份 ID 实现关联存证。当需要进行资金支付时，通过资金支付软件触发摄像头检测人脸特征，并发送请求至可信移动终端，该终端事先已写入生物信息比对校验的合约逻辑。合约触发后，将支付时检测到的人脸信息与链上提取到的存证人脸特征信息进行人脸图像匹配和图像哈希值对比双重校验。若校验成功，则身份可信，跳转到支付页面，完成资金支付，并将支付结果回传至链上，且同时销毁可信终端的临时缓存的生物信息。若校验不成功，则阻止进一步支付，并向区块链上层的支付系统发送警报，提醒参与节点启动安全排查，如图 4-19 所示。

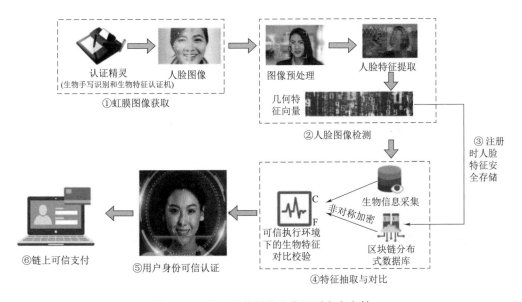

图 4-19 基于区块链的生物识别安全支付

所有对区块链的访问均通过公钥和私钥完成，其中公钥是有权限的用户，如财务部、审计部等对电网企业的资金数据有访问权，私钥是个人用户对自己生物信息的访问权和修改权。相较于使用 USB 等物理设备的中心化密钥存储模式，区块链技术将个人用户的密钥、数字证书在链上分布式存储，且利用智能合约完成物理身份信息（如身份证、工号、岗位等）与生物信息进行一对一锚定，并上链处理，完成身份信息数字化，能够帮助电网企业实现财务侧的移动安全支付。个人拥有身份信息的所有权与控制权，提高资金支付时的身份认证准确程度与可靠性，保障其交易合规、合法。

3. 基于区块链的财务审计

区块链共识机制可使网络内各节点的数据账簿保持一致，这也是区块链节点实现财务协同的核心。

采集会计和业务数据（包括企业内部事项信息、外部经营活动、审计活动信息、财审政策等数据）通过数据清洗、预处理过程完成数据各项转换，丢弃不完整和异常数据。审计数据共识上链，执行链上链下分层、同步存储、触发，触发内部审计智能合约，并生成阶段性的审计测试结果，以备接下来的其他审计程序和分析调用。将阶段性审计测试结果传输到合约化的审计工作底稿等模型中，进行数据分析和稽核，生成审计分析报告。根据链上审计线索佐证报告，确认审计事实。形成审计证据链，可追溯，为后续执行资金结算等业务做背书，基于区块链的审计模型如图 4-20 所示。

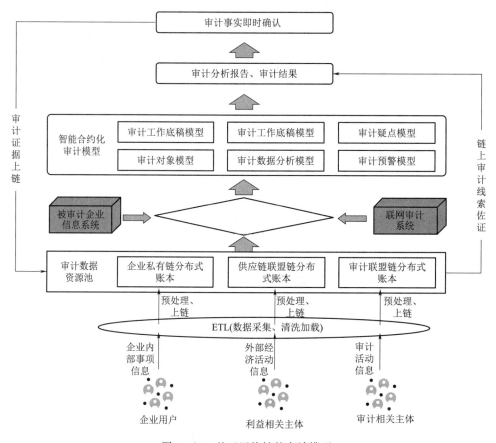

图 4-20 基于区块链的审计模型

区块链技术能够保证审计数据来源的唯一性，对数据所有权证明，保证数据不可篡改，提高审计数据的真实性、可靠性；数据在链上被多方监督，防止故意篡改，增强审计数据交易的透明度；减少线下询问和函证等程序，从而降低审计成本；减少审计等第三方验证信息的需求；验证交易合法性，使审计结果"自证清白"，降低被审计单位数据的验证成本；降低事后审计稽核成本；通过可编程，设置审计算法或审计业务处理规则，实现审计工作的智能化。

4. 基于区块链的 ERP 系统

构建一个企业级财务管理平台，该平台允许 ERP 系统与超级账本、以太坊和瑞波币集成。区块链ERP系统框架，具有企业与分布式账本快速、高效地协调集成，即插即用银行客户专有解决方案，安全、无第三方介入的特点，如图4-21所示。

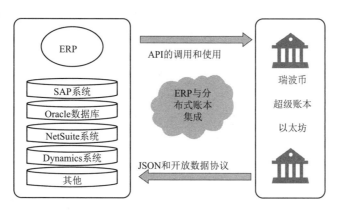

图4-21　区块链的ERP系统框架

由于财务管理过程中所涉及的企业内部数据类型较多，包括财务数据、人力资源数据和供应链数据等，这些数据资源体量较大，为此建议数据存储采用链上链下协同存储，即区块链上只存储数据摘要，完整数据存储在云端或本地数据库中，并与区块链建立映射。引入数据分析模块，通过从区块链上和数据库中获取数据，进行数据分析，工作人员通过客户端与区块链ERP系统交互办公。

通过区块链打通不同企业的ERP系统，加强跨企业、跨部门的数据流通，提高业务协作能力。在企业内部，采购部门可根据生产部门计划方案提前采购原材料，销售部门根据生产情况制订适当的销售方案，避免出现产品积压、供不应求等情况。利用区块链实时记录供应链相关数据，保证数据的准确性与实时性。利用区块链的可追溯特点，提高对产品的跟踪和管理能力，及时发现处理有质量问题的产品。通过智能合约与数据分析技术，分析市场需求，及时制订新的采购计划、生产计划和销售方案，极大提高企业效率和经济效益。

利用区块链技术，能够让管理者及时获得企业生产经营的实际情况以及资金的使用情况，并且结合企业资金的合理分配，对资金管理进行预测，提前筹措资金。企业账本由多部门共同维护，避免了内部人员为了自身利益篡改账目的风险，保证企业账目的真实性与可信性，为监管工作提供便利。同时企业可以公开部分账目，使账目更加透明，保护相关者的切身利益。

5. 基于区块链的财务凭证存证

购电结算单是电网公司通知交易方开票的重要依据，通过区块链技术可简化跨区跨省账单发布。将交易中心、调度中心、营销、电厂等业务节点结算依据（电量、电价）上传至联盟链上，以电网公司总部作为核心、权威节点从链上抓取跨区跨省结算依据数据（电价）进行结算，并出具电费结算单后，将账单发布于链上，共识机制实现链上多节点一致性验证，验证账单结果同步至所有节点的分布式账本中。各省公司、分部经授权后从各自账本中调取账单并核验，实现链上实时取证。一旦出现争议，根据时间戳追溯证据链，即时发现错误点，快速有效纠错。利用区块链技术防篡改、节点共享的技术特性，创建可信共享数据账本，以低成本、高效率、透明对等的方式，破解电费结算等业务多活动执行时跨系统的数据交互、数据共享的难点、痛点，提供可信数据共享生态环境，实现资金流、数据流、业务流的融通共享及跨业务的高效协同。

发票作为电力财务的重要核算对象和入账凭证，其真实性直接影响企业财务质量与资金有效管控。应用区块链技术优化财务管理，保障电子发票等财务凭证的真实性和可追溯性。以电网企业和税务单位为核心企业，构建的电子发票联盟链，实现多主体从领票、开票、流转、验收到入账的全流程监管，如图 4 - 22 所示。通过票据信息在营销部、财务部等多方共享，告别"反复核验"。通过区块链数据共享模式，提高电子票据结算业务整体工作效率，无需核验、打印，取之即用，构建电子票据"凭票结算"的可信机制。以联盟技术架构将电网企业的财务管控系统与税控系统对接，开出的票据能直接进入税务系统的发票池，能实时地收到税务系统验真的信息进行抵扣，通过线上流转实现实时报销流程，在方便企业与客户的同时，也利于国家对网络交易和税收的监管。数字票据可以实现电网资金结算的"资金流、发票流"二合一，将发票开具与线上支付相互结合，打通发票申领、开票、报销和报税全流程。利用区块链技术，将原先确认每张发票需要 10min 缩短至现在仅需 10s。以此实现发票的链上开具、流转、审核、报销、储存，解决票据造假、重复报销、票据校验周期长的问题，完成票据、凭证的精准快速核对，提高财务工作效率。

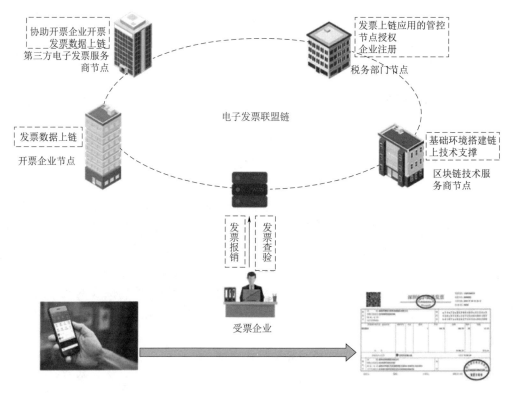

图 4 - 22　电子发票联盟链

4.5 电力服务类应用

4.5.1 电力大数据业务应用

4.5.1.1 业务应用需求

当前能源变革不断加速，能源革命和数字革命融合发展，为适应新的电力发展要求，2020 年 3 月，国网公司党组会议将"建设具有中国特色国际领先的能源互联网企业"确立为公司战略目标，要求加快大数据、区块链等新一代信息技术的应用，进一步加快区块链技术与能源电力的深度融合研究和应用探索，助推电力行业的产业升级、业态创新、服务拓展。区块链开放、共享、协同的技术形态与公司"建设具有中国特色国际领先的能源互联网企业"战略目标、加快推进"新基建"政策精准落地高度契合，可以有效解决能源互联网建设过程中面临的数据融通、设备安全、个人隐私和多主体协同等问题，在能源互联网建设方面具有不可替代的重要作用。

随着能源互联网开放共享模式的发展，国网公司持续优化电力运营商环境，加强与政府部门数据互通共享，将公司电力业务与相关政府政务服务联动，消除多方数据隐私顾虑，提升公司公信力，最终达到更好地服务大众、辅助政府决策的目的。

在上述业务流程中，能源大数据的建设虽然取得一定的成效，但也存在着一些问题：比如接入与交换标准不统一，能源大数据前期的应用场景都是独立建设，未统一数据接入与交换标准，通过专线、网络爬虫、接口、离线文件等多种方式接入，部分数据存在重复、多源、不一致、冲突的情况；数据相对分散，外部接入数据分别部署于各场景内，未形成统一的数据中心，数据分散，管理成本高，复用性低，数据应用水平需进一步提升；服务机制不够完善，由于担心数据的外泄、滥用以及数据的权益没有充分保障，导致数据不敢共享、不愿共享、不能共享，能源数据的使用价值没有得到充分体现；传统的大数据联盟中心化运行模式无法保证数据使用记录的可靠保存，当数据使用出现问题后，后期数据使用的审计和追责也会非常困难。

4.5.1.2 典型应用场景

1. 基于区块链的需求响应应用

需求侧响应应用场景是在用电高峰或者低谷期，通过经济激励让用户少用电或者多用电，来实现电网的发、用电平衡。目前主要的经济激励是通过补贴方式，依据需求响应的负荷数据来确定补贴额度。

当前电表不显示响应负荷数据，而且最终在能源局网站公示的响应量只有总响应量，客户无法快速、方便地获知实际响应的 15 分钟级数据，客户无法及时核对实际响应量，事后也无法核实。此外，所有响应数据都是由电力公司提供，监管部门缺乏有效的数据来源监管手段，电网公司无法自证清白。

应用区块链后，可以消除用户对响应数据的质疑，电网公司可以自证清白，能源局可降低监管成本，提升监管效率。

如图 4 - 23 所示，区块链网络由投资方、运营商、政府、金融机构及第三方机构共同维护，采集终端采集能耗企业的用电量等电力数据，并通过可信泛在接入网关上传到区块链网络之中，用户以及企业可以通过基于区块链的客户侧综合能源互动交易服务平台获取可信节能数据。

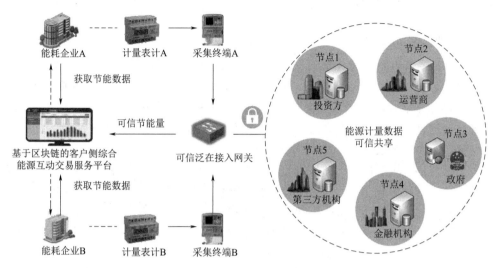

图 4-23　需求侧响应场景示意图

2. 基于区块链的计量检测应用

（1）对于政府方面。目前只能做到对电力公司检定结果进行抽检，无法对上游生产厂家进行监管，当检测到某些存在故障或隐患的表计设备时，无法切实、高效地掌握该批问题表计的真实信息，不利于政府监管、有效问责等。同时，国家市场监督管理总局计量司正在推动国家产业计量测试中心建设，加强与产业的融合，进一步发展成为服务和支撑产业快速发展的平台。

（2）对于电力公司方面。在表计检定标准、证书颁发、量传溯源及信息服务等方面存在一些弱项，包括数字化程度不高、缺乏公信力、数据来源可信度不高等。对于上游供应商的生产、制造及设备全生命周期的管控也难以实现。

（3）对于上游供应商方面。无法有效利用设备的使用信息及各方面综合大数据对生产工艺、流程、材料等方面进行技术改良。

（4）对于公众方面。无法对表计、证书及相关检定信息进行即时查询，且对查询结果也缺乏信任，进而引发一些社会舆论。

因此利用区块链技术，设计表计计量检定原型，达成表计厂商、计量中心、计量院、市场监督局等四方共识，对计量表计信息、计量检定信息、抽检信息及检定证书信息等全过程数据和检测人员资质信息等进行链上存储，多方存证相同的检定过程和结果数据，实现检定过程和检定报告的不可篡改与可信溯源追溯，解决公众对电能计量结果的不信任、证书的篡改和假冒问题，促进省计量中心、计量院、市场监督管理局和表计生产厂商等各机构间业务数据协同，达到计量检定参与方的工作水平和表计设备质量整体提升的目的。

3. 基于区块链的能源大数据企业用能征信评估应用

电网公司掌握的能源大数据包括几乎所有企业的用能信息、电费交纳情况，也包括为数不少的电网供应链企业的供应商评价数据，这是一笔重要的数据资产，从中可以分析企业经营情况，为征信部门提供分析依据。但目前这部分数据资产的价值还未得到充分利用。电网公司以企业用能数据为特色，结合其他社会部门的企业信用信息，如工商、税务、法院、银行的信息，能为企业尤其是中小企业征信提供准确评价。

目前银行体系建立的征信系统从企业资金运行角度对企业信用进行评价，法院数据可以从商业纠纷角度对企业经营风险提供警示，税务数据能反映企业经营状况，但存在做假账的可能。电网公司掌握的企业用电数据，包括企业电费交纳记录、欠费记录，直接反映企业生产的真实情况，难以作假，对企业信用评价工作是很重要的数据，同时电网公司还有相当数量的供应商合同数据及供应商评价数据，能够直接反映企业将来一段时间的发展前景。

通常银行向中小企业发放贷款比较慎重，中小企业向银行进行企业借贷等业务申请时，需要的证明材料和步骤繁琐，等候时间和办理时间比较长，建设一个统一、公开、透明和可信的征信系统有助于银行和企业之间的互信。

银行贷后管理需要对企业经营状况持续跟踪，目前能获得的经营数据如财务数据等容易造假，需要可靠数据做贷后管理，企业用能信息能较好地反映企业的持续经营状况，目前银行系统或平台不能持续获得这类信息。通过基于区块链的征信评估系统持续进行信用评价，对银行进行持续性的贷款后管理也有很重要的参考价值。因此，由电网公司来建立能源大数据企业用能征信评估系统，有其他征信系统所不具备的特色和无法提供的价值。

基于能源大数据的征信系统还为业务的办理提供一个安全和便捷的窗口，优化办事流程，简化办事材料，压缩办理时限，业务协同推进，实现核心企业信任在供应链的有效传递，切实解决"中小企业融资难、融资贵"等难题。同时该系统也可服务于电网内部，营销部做欠费预警时，物资部招标采购时也可以参考征信系统数据。

依托区块链平台，将用户身份验证信息、用能数据、银行征信考核细则等价值链信息在链上进行统一建模存储，用户可主动进行征信查看、借贷等银行相关业务的申请，银行通过平台对用户进行身份验证后从链上提取用户相关的资质审核资料，并基于智能合约对其进行考核，依托结果对企业相关业务申请进行回复或者补充说明，整个过程均在链上公开、透明、可信地存储，无需任何人的干预，提高了客户的满意度和获得感，提升了中小企业服务交易、融资的效率和效果，切实解决了"中小企业融资难、融资贵"等难题，降低各类业务风险，降低业务开展边际成本，支撑整个供应链生态的平稳运行。进一步释放供应链产业势能，优化产业环境，推动供应链企业快速、健康、高效发展。需求侧响应场景，如图 4-24 所示。

4. 基于区块链的大气污染防治政企联动应用场景

大气污染防治政企联动指利用区块链技术通过对用能企业（特别针对污染重、能耗高的企业）的用能数据进行分析，获取企业的生产、排污状况，为气象部门、环境监测等政府部门提供企业排污的数据依据，同时可向企业用户提供环保预警信息。

能源大数据是以电力数据、天然气数据、石油数据等能源数据相融合的综合体，传统的能源数据存在封闭、保守的特性。区块链技术基于去信任、公开透明的特点使用能

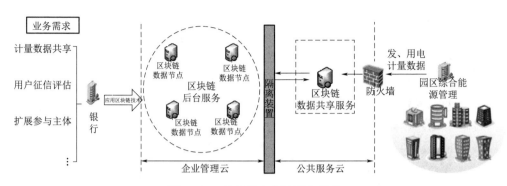

图 4 - 24　需求侧响应场景示意图一

企业（特别针对污染重、能耗高的企业）、能源企业、电网企业建立相互信任，提升数据可信性。基于区块链的能源大数据彻底改变现有模式，增加了用能企业、能源企业、电网企业及政府的黏性，能带来新的盈利模式。另外，针对政府和用能企业间生产及沟通信息不畅，用能企业无法有效监管，利用区块链智能合约技术，将用能企业影响大气污染的考核指标上链，基于考核相关的能源数据也上链，可保证数据结果的公平、公正。

　　成效：政府通过能源大数据平台对用能企业的用能数据进行监管、分析，针对用能企业污染指标超标情况，做出相应的整改要求，从而实现对大气污染预防和控制的目的。同时，用能企业通过能源大数据平台的污染指标数据及预警信息，可以查看自身的用能情况，可进行自身企业暂时关闭等措施主动降低能耗，可有效避免政府问责及罚款情况发生。大气污染防治政企联动应用场景开展，满足政府和用能企业的需求，实现了能源大数据平台数据价值的双增长，如图 4 - 25 所示。

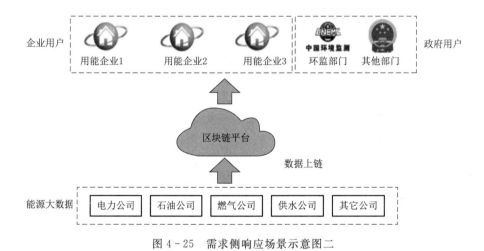

图 4 - 25　需求侧响应场景示意图二

4.5.2　一网通办业务应用

4.5.2.1　业务应用需求

　　国家电网有限公司营销一网通办业务的开展，实现公安、不动产接口联通，在办理二手房交易时,用户提交申请材料至不动产,不动产在办理二手房交易期间给公司营销推送二手房变更办理信息,公司营销通过公安接口验证用户身份信息,待验证成功后对电力户号进行变更操作,办理完成后给用户发送短信通知。实现了用户不动产交易时,电力用户号在线办理的目标,整个办电过程无需用户参与,节约了用户现场等待的时间和纸质材料审批的环节,减少了用户往返次数。截至 2020 年 6 月上旬,已累计受理不动产联办工单 7656 个、办结 7147 个,累计完成用户实名认证 9027 条。

在上述业务流程中,存在以下痛点:国家电网有限公司营销一网通办应用中用户进行不动产交易和电力用户号变更还是在不同的网络和不同的部门进行,办理进度和结果无法实时查看,办理效率得不到保障,公司与政府部门之间存在信息壁垒和数据孤岛现象,中心化储存的数据存在一定的风险,如一旦中心化被攻破,会出现业务办理中断,存在数据泄露的风险。

4.5.2.2 典型应用场景——基于区块链的一网通办应用

2018 年 7 月,国务院印发《关于加快推进全国一体化在线政务服务平台建设的指导意见》(以下简称《指导意见》),要求到 2020 年底前,全国一体化在线政务服务平台基本建成,全国范围内政务服务事项全面实现"一网通办"。国家电网有限公司在 2020 年的区块链建设工作任务中明确要求,加强国家电网有限公司业务在政务等领域的合作建设,其中一网通办作为重点建设任务列入规划之中。一网通办业务流程图如图 4-26 所示。

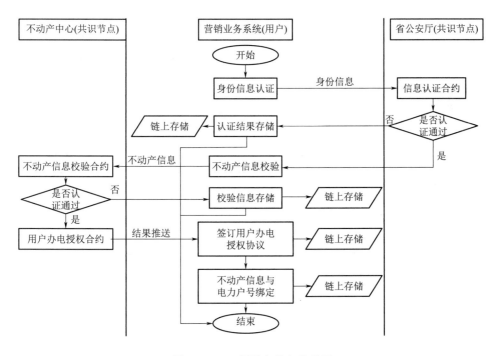

图 4-26 一网通办业务流程图

利用区块链技术,设计基于区块链的一网通办原型,达成公司、不动产、公安等三方联盟,用户在进行不动产信息和电力户号绑定业务时,为保证不动产、公安及电网三方业务主体间业务数据的协同共享以及办电结果的公正、公开和公平性，基于区块链智能合约公开透明的特点，使用用户的身份信息，调用省公安区块链后台智能合约身份认证接口进行用户身份认证，保证认证过程透明可信。完成认证的用户与签订的信息授权协议将在区块链进行存储，可以保证协议的防篡改与防抵赖，之后进行不动产信息核验，完成不动产与用户户号信息的绑定，并将结果与相关数据进行链上可信共享存储，实现电力户号与房屋信息一一对应，后续客户在进行不动产交易等业务时，将直接完成电力户号变更绑定，消除多方对数据泄露的顾虑，促进业务联办，节约用户办电业务的时间和经济成本，保障办电业务结果的公信力，实现一个网络下多业务办理。

第5章
关键技术分类及重点研发方向

区块链技术作为一种可信的分布式账本技术，具有不可篡改、去中心化、可编程及可追溯的特点，使用区块链与能源互联网的数据、业务与价值进行有效结合，不仅可以有效发挥能源互联网的优势、保证内网信息源的可靠性、缓冲外网信息的安全性，而且能够通过自身的特性弥补能源互联网的不足。区块链技术应用于电力领域，需要解决的问题包括电力区块链整体架构，以及适应电力区块链架构的数据验证、数据确权、数据保存、数据跨链、数据共享等机制。

5.1 电力区块链架构

5.1.1 电力主从链分布式架构

联盟链是介于公有链与私有链之间，用以解决多方主体互信的典型应用，共识节点数量可以经过权威认证选取，规模不会太大，在有效数量节点间共识效率是有保障的，且联盟中不一定需要激励机制，又提高了联盟链的使用效率，因而成为行业内的典型解决技术选型。为此，国家电网的国网链采用联盟链作为基础平台来构建电力数据主从链分布式架构，支持国网企业内外业务可信服务的开展。

区块链自身的不可篡改特性，针对某些电力业务系统数据的存储是不需要的，而且日益增加的电力业务数据可能会使区块链节点臃肿、笨重，极其消耗资源，导致交易的规模和交易速度远远达不到高并发、高响应速度的需求。故考虑到电力业务系统的多样性，拟采用1+N多链链式模型，分别采用不同的技术手段处理和存储数据，主链采用静态账本技术存储各种系统间需要共享和长期存储的数据，从链则采用动态存储技术存储业务系统内部数据。电力区块链采用的1+N多链结构，其核心本质是联盟链+N个子联盟链构成主从链的模型，如图5-1所示。主链和从链分别采用权威认证的联盟链技术，按照国网的业务逻辑与数据特征进行划分，不是物理隔离的联盟链区分。主链只有一条，子链理论上可以有无数条，每个子链都可以运行一个或多个DAPP系统。子链类似以太坊新推出的分片技术，支持多个交易并行处理，交易完成后，异步写入公链交易账本，支持业务灵活扩展，而主链上存储从子链上汇聚而来的统计价值数据，不需要全数据存储模式。

国网链主从链结构中包括一条主链及多条从链，如图5-2所示。主链上存储验证区块，该区块按照时间顺序线性链接，验证区块作为链区块的索引区块。从链上存储实际业务数

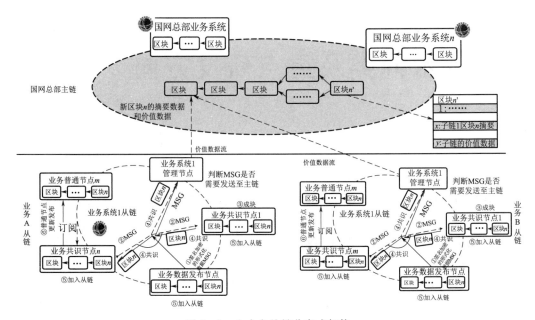

图 5-1　电力主从链分布式架构

据，将多个从链链接构成主从多链模型，并且验证区块存储从链数据区块摘要信息，保证数据的全局一致性。为支持业务系统交互的高并发，设计灵活的区块数据索引方法，不同从链存储不同类型的数字资产，满足各业务系统的不同业务特点，完成电力业务系统的分类处理，保障数据的高效共享与不可篡改，确保该区块的哈希值总能在主链被索引。

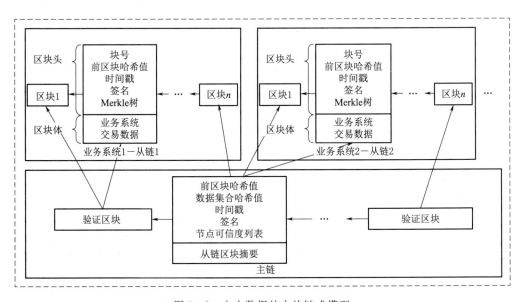

图 5-2　电力数据的主从链式模型

多链的含义实际上是包含 Peer 节点、数据存储、数据发布订阅通道的逻辑结构，将各业务系统与数据进行隔离，以满足不同业务场景下的"不同人访问不同的数据，不同数据不同处理"的基本要求。

国网链中 N 个联盟链网络的从链作为子系统的技术支撑，各个参与者节点通过内部网络连接，将支撑某类业务的电力业务数据、电力资产数据和电力数据账本在从链中存储共享，通过从链共识中心对区块进行校验以提供数据可信度，并将从链的数据最终汇集至管理节点以接入主链，主链的管理节点与共识中心对主链进行可信性管理，并将数据按需共享至从链中。扩展从链的应用范围是将来电力区块链下一步发展的重要内容。

5.1.2 主从链价值数据关联模型

主链不进行业务处理，其主要作用是作为一个区块链平台的整体监控，实现对从链上业务数据的统计抽取、价值存储与运行监控，保证各个从链内部数据可信以及从链之间的可信交易，并保证数据在主从链上的一致性，其区块中存储的数据主要是从链数据的 Hash 值及索引。以对应上节从链电力数据模型样例为例，主链对应着从链的节点信息、用户信息、电力数据信息及交易信息，主链的每条消息可以关联到从链的多条消息，换言之，主链会将从链上传的多条信息进行整理链接作为一个全新的信息存储在主链上。

从链 ID 可以迅速地找到特定的从链，业务类型或者数据表 ID 表示本条信息涵盖的所有从链数据都是同一个从链数据表中的数据，其具体就是从链维护某一数据表的 ID，起始时间表示该消息收集从链信息最早的那个信息的时间戳，结束时间表示最晚的时间戳，Hash 列表中的每条数据都是对应从链数据的 Hash 值，用来验证主从链数据的一致性，ID 列表存储的是每条从链数据的唯一标识，可以用来检索到从链的唯一数据。主链锚定从链的具体数据如图 5-3 所示。

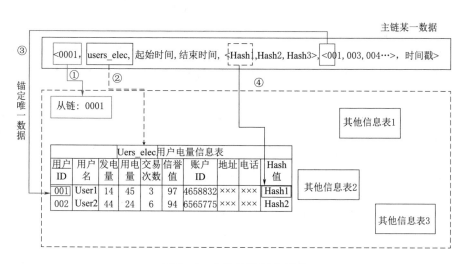

图 5-3 主从链锚定示意图

首先将从链 ID 0001 锚定到当前从链，然后将数据表 idUser_elec 锚定到从链区块存储某一数据表，之后通过表格的主键用户 ID 001 锚定到唯一数据，最后通过 Hash 值判断数据是否被篡改。从图 5-3 中可以看出，一条主链数据可以包含从链某一数据表的多条数据。

随着从链应用的发展以及记录规模的不断扩大，如何高效、简洁地进行主从链数据关联，是电力区块链发展必须解决的问题，建议进一步研究主从链价值数据关联模型，达到用更少的存储空间、更快的定位方法形成从链数据的主链存证。

5.1.3 基于主从链的应用模式

1. 发展趋势分析

电力区块链利用智能合约实现从链服务的注册、撤销等管理，具体解决方案如下：

(1) 从链与区块链客户端的数据接入方案。

在从链数据接入服务请求中，基于智能合约技术通过服务查询搜索功能只需提供如服务的应用类型、数据接入服务提供方（嵌入或部署区块链的电力业务终端）等信息，由总线动态路由决定分发，交互的双方无需绑定，消除了参与集成不同业务系统的硬件平台、支撑技术、网络和物理架构等之间的区别。总线以 SOAP 作为消息格式，支持消息列队的标准传输协议，数据接入服务请求方和提供方进行服务注册与消息队列的创建，进行接入标识验证后，数据接入服务请求方按照提供方规定的格式将消息发送到指定地址，最后总线再以数据接入方认可的格式返回结果。

数据接入服务功能的作用是将不同业务系统的电力业务终端数据通过该接入工具统一接入区块链平台，并存入从链中，而不再需要各现场针对不同业务系统自己单独开发数据接入程序，从而保证各现场都能够高效、实时、统一地接入数据。

(2) 从链与主链的数据访问方案。

从链基于智能合约技术，使用开放的 XML 标准来描述、发布、协调和配置应用程序，发挥 WebService 应用程序具有低耦合、独立、可编程的优势，开发分布式互操作的应用程序。基于智能合约的从链数据访问方案支持消息的单向发送和发布/订阅模式，从链基于智能合约技术将数据访问接口封装成 WebService，并注册到智能合约服务，主链就可以通过调用访问从链发布的 WebService 来访问平台中的准实时数据及历史数据。

2. 协同研发建议

在基于服务的主侧链应用接入架构下，可进一步研究服务的接口、数据模型，形成电力区块链主侧链应用接入通用服务。

5.2 可信接入技术

5.2.1 基于区块链的可信接入关键技术

1. 发展趋势分析

电力主从链中，从链作为业务数据服务，面临着多种形态数据的来源，如电力业务物联终端、业务终端、办公 OA、移动巡检、能源计量等，存在着接入手段复杂多样、协议种类繁多的问题，如何确保数据资产的可信接入，以下工作成为主要瓶颈：区块链数据源终结位置，包括芯片、终端、网关三类终结选择；数据源的标识与解析，如何通过设备、数据的标识注册服务机制，实现数据资产全网的唯一标识。

基于区块链客户端的可信接入核心技术为标识的可信注册与可信解析提供解决方案，

其具体流程主要如下：

（1）标识可信注册。基于区块链的标识注册服务关键过程有：区块链客户端根据所在的电力系统向从链注册设备标识；设备信息向信息服务器的注册；标识关联性的注册；设备数据信息的数字摘要进入区块链。如果不存在多个标识的嵌套，就不需要关联性注册过程。

（2）标识可信解析。当某区块链客户端获得设备的标识时，用此标识可以查询到与该设备相关的信息。查询过程需要对查询者的身份进行认证，有权限的用户才可以访问相关的信息服务器。

基于区块链的标识拥有者可以完全开放数据资源访问权，也可以通过适当的自定义机制使区块链客户端获取相应的数据资源的访问权，区块链客户端也可以通过智能合约的方式，在智能合约的控制下由网络推送与某标识相关的数据给其他区块链客户端。

2. 协同研发建议

在设计完成标识可信注册与标识可信解析流程后，可以此为基础设计嵌入式/部署式区块链客户端，其技术路线如图 5-4 所示。

区块链客户端由主从链底层区块链平台提供技术支撑，具体包括交易管理、共识认证、合约管理、可信存储、公钥管理及可信传输等功能。基于以上功能，区块链客户端可以在电力业务终端与多模通信终端上实现基于区块链的密钥管理、数据采集、标识生成及数据加密，为可信接入的标识注册与标识解析提供技术支持。通过设计实现以上关键功能点，研发符合电力业务需求的嵌入式/部署式区块链客户端，实现基于区块链的可信接入。

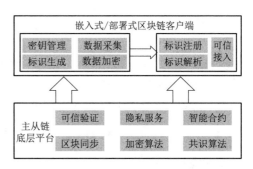

图 5-4　区块链客户端技术路线图

5.2.2　基于区块链的标识分级可信解析机制

为了支撑网络数据的可信访问与解析调用，电力区块链建立开放的数据命名体系，并推动相关标准化工作，通过构建可认证权威标识索引数据轻载上链数据账本模型，建立链上标识索引数据和链下标识完整数据的可信关联机制。

为了支持网络跨区域的标识网络构建，利用区块链跨链技术，构建基于联盟链的标识解析体系，包括标识定义结构、高效共识机制、标识与数据融合解析技术、标识的分布式存储技术。主从链联盟链标识解析系统结构如图 5-5 所示。通过主从链的结构，从链存储子域标识、主链存储权威标识的方式，构成分区分域的标识解析体系，并从网络层优化链内通信机制，实现应用层协议网络，支持标识数据局部有序化更新。

构建基于区块链的标识分级可信解析系统。例如，可利用区块链构建抗攻击的 DNS 标识解析系统，业务系统向从链的共识节点发出标识服务请求，从链的共识节点收到请求后首先就本地中的数据库检索此域名，若检索不到即向最近的存有完整区块的分布式数据可信链

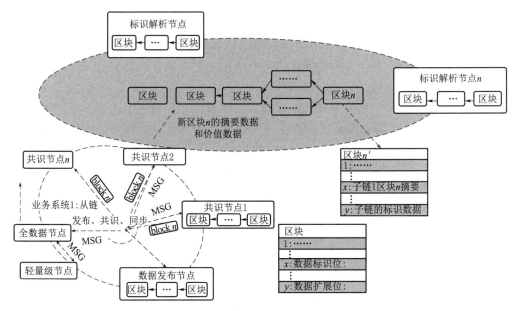

图 5-5　主从链联盟链标识解析系统结构

节点或主链请求检索，仍检索不到则说明该域名不合法。若检索到域名，则向其指向的数据源检索下一级域名，直到不能检索为止。将最终得到的索引数据返回给业务系统，请求者对其解析，得到元数据及 URL，再利用 P2P 的对等传输协议访问数据。

5.2.3　基于区块链的身份可信认证技术

传统身份认证方式，如中心化登录方式、Auth（开放授权）、FIDO 等认证方式存在各个单位的数据孤岛不能沟通、中心化管理系统的数据泄露风险高、数据认证格式和安全级别不同等问题，针对以上问题提出基于区块链的可信身份认证方案，从而保证身份信息的可信与不可篡改。

针对以上问题，在身份管理中可通过引入区块链来实现身份服务的统一与激励，在架构上通过去中心来降低数据泄露的风险，并促进多种信息和方式的融合。从跨域、跨联盟身份管理的应用种类来看，典型的联盟链设定多个组织、人、公司、政府进行记账，用于产业内、联盟公司间的交易和审计等。用户身份属敏感信息，用户和商家对系统有隐私保护的需求，而身份管理则要加强权威，从当前中心化管理系统面临的问题出发，考虑各方需求，系统架构不可完全去中心化，也不可完全中心化，因此采用跨域、跨联盟的联盟链框架。该框架可以通过交易过程中的密码学处理实现监管。区块链分布式存储、不可篡改的特点是使用户获得数据操作主动权的重要手段，通用年份认证模型如图 5-6 所示。

服务层提供基础区块链服务，包含三类逻辑结构，即区块链服务模块、智能合约服务模块、成员管理模块，它通过系统中的时间或事件触发不同的模块，如新节点加入触发成员管理模块的注册功能。

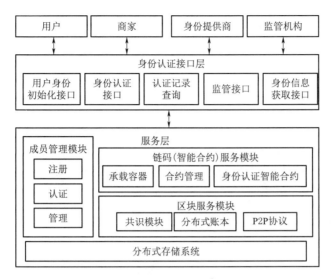

图 5 - 6　身份认证模型

接口层为上层提供基本区块链操作接口，并设定了用户、商家、身份提供商、监管机构等几个实体，使得接口层能够对外提供基本身份认证服务，包括对商家、用户提供认证接口，对监管机构提供监管接口，同时与身份提供商接口对接，实现初始身份鉴别及登记。

接口层和服务层作为信任服务模型为外部应用提供基础的区块链服务，基于该模型将彻底改观现有中心化身份管理体系的现状，同时兼顾用户隐私保护需求与监管需求。

在注册和认证协议中，用户、商家、身份提供商之间的信息交互都通过非对称加密技术来保证价值传输的安全性，即发送方对信息先用发送方私钥签名，再用接收方公钥加密，然后发送给接收方。接收方接收到信息后先用发送方公钥验证，再用接收方私钥解密。

传统身份认证中，授权机构对数据库的管理负责，如果授权机构的安全性受到损害，则数据面临被修改甚至被删除的风险。相比于传统身份认证方式，基于区块链的身份认证方式利用非对称加密、共识算法等技术保证数据的可信任与不可篡改，实现了身份的完整性与透明性。

针对电力业务系统之间相对独立、资源共享效率低、数据规范不统一以及物理隔离等问题，可采用主从链方式构建适应电力业务系统的可信身份认证系统，一方面兼容原有的 CA 身份认证机制，减小系统升级换代所需的额外工作量，另一方面支持区块链本地认证与跨域跨平台的身份认证信息共享，基于动态授权、终端可信接入等跨域关键技术，提高物联网终端认证效率，打破行业信息壁垒。

5.2.4　基于主从链的可跨域协同身份认证

通过建设分层管理的可跨域协同的身份认证网络，满足终端设备的分域管理需求，如将某个区域内或某个业务场景内的终端设备仅通过一条链来注册和身份认证，可解决大量异构终端身份安全管理和多并发身份认证响应不及时的问题，保证整个电力物联网认证体系的安全性、可靠性与可扩展性。链与链之间通过对链身份信息和请求内容的共识来完成数据的交互，身份认证示意图如图 5-7 所示。

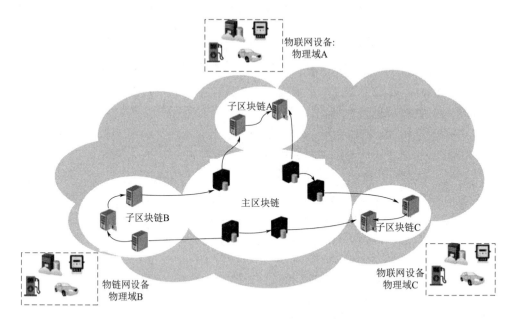

图 5-7　基于主从链的可跨域协同的身份认证

在分层建设上，形成一个多链多层的结构，每个层次的区块链网络仅负责本层级的终端设备注册和身份认证，并向上级主链提交本级终端设备索引信息。在设备认证时，一般来说，大量终端设备会在本级域内完成认证，但当有跨域需求时，则需要向上一级主链提出认证请求，上层主链对子链的请求需求进行验证并转发到对应的目标子链。

整个跨域网络中，下层子区块链对部分物理区域或者部分设备的数据进行区域性管理，且不同层的区块链数据记录速率可不同，从而降低了在大型网络规模上保持一致性的压力。

当用户通过联盟中心访问本联盟中外域的资源时，用户、属性、服务/资源和分配策略分别被不同的管理者所控制。用户首先进行本地认证，再通过协调中心的属性映射来实现跨域资源存取，其属性存取控制模型架构如图 5-8 所示。

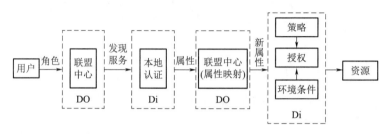

图 5-8　基于属性存取的跨域访问模型架构

由于联盟环境下各个自治域之间的属性是相互透明的，本机制通过协调中心来建立各域属性之间的映射。一个正常的跨域授权服务工作流程主要包含以下步骤：

(1) 用户向目标域中的资源发出访问申请。

(2) 系统通过发现服务将用户重新定向到用户所在安全域进行认证。

(3) 通过认证的用户，将一个含有本地属性的数字证书发送到协调中心。

(4) 协调中心通过属性映射，将包含新属性的数字证书传送到目标域。

(5) 目标域结合本地策略和环境条件对属性进行验证。

(6) 如果通过验证，则允许用户访问资源。

最终，可跨域协同的身份认证网络，通过链接各层的身份认证平台，使电力终端设备在物联网边缘而无需第三方中央系统管控下即可实现多方之间的身份安全互信、数据安全互通，并能自主管控相关通信与数据交易，提升电力物联网整体安全性、易用性、交易性与可扩展性，支撑多样化的认证业务需求。

进一步完善区块链动态授权机制，研究以智能合约的形式提供跨域认证和跨域数据访问接口。在需要进行跨域协同身份认证时，构建基于区块链的身份认证网络，实现电力终端设备的身份安全互信。

5.2.5 基于区块链的能源设备认证模式

1. 基于授权CA签发证书的区块链身份认证方式

针对一些重点终端的身份认证，出于安全性和可管理性考虑，依然使用基于授权CA签发证书的方式，来保证对终端设备身份信息的顶层管理。但认证过程中会使用区块链技术来增强信任机制，即在满足物联网终端泛在交互需求和效率的同时，提供身份认证安全和行为审计安全。

接入物联网中的终端设备以授权CA的授权证书为信任起点，即所有终端设备是通过授权CA获得数字证书，并在区块链上共识、验证、存储，一旦上链会生成相应的区块链数字身份，此时设备的CA授权证书与区块链数字身份将永久存证且不可篡改。经过一次注册上链后，当该设备接入某一物联网中时，或与另一设备交互认证时，设备只需要将认证信息提交给认证节点，认证节点即可通过区块链共识检查认证信息的身份有效性，完成点对点的可信身份认证。

2. 无需授权CA签发证书的区块链身份认证方式

电力物联网具有设备多样、应用多元、泛在交互等特性，考虑到未来不同场景的智能化终端应用需求，设备也提供了无需授权CA签发证书的区块链身份认证方式，以支撑业务的多样化需求。

在区块链和智能终端的安全芯片中写入满足特定密钥算法要求的公、私钥生成机制，如加密SM2等。智能终端根据密钥算法自行生成密钥对后，将公钥提交到区块链实现设备注册，区块链根据预置的设备唯一标识，即数字身份，来判断设备注册请求的有效性，共识确认注册通过与否，对注册通过的设备实现数字身份与公钥的绑定，并在区块链上实现共识存证。

3. 终端设备的多级多维权限管理

物联网设备往往拥有某类属性、角色，或属于某个个人、组织、场景，因此在认证的同时，还需要考虑对这类多级多维的权限管理，如在某个已注销的组织下，其设备被禁止接入网络等类似场景，以此满足多样化的终端控制需求。

设备接入认证一直是智能电网安全性的重要保障手段，基于区块链建立物联网终端身份模型，将终端设备的各类身份属性绑定到该设备的区块链数字身份之上，在终端设备发出认证请求时，区块链根据业务的实际权限控制规则来共识，判断该终端设备是否被允许接入，以此来灵活支撑终端设备的可信身份认证和多级多维的权限管理应用。

5.3　数据验证与确权

5.3.1　数据形式化处理模型

根据电力业务系统特点的特点，数据形式化处理将从数据格式统一化、数据记录上链和上链数据共享 3 个方面进行考虑。

1. 数据格式统一化

针对不同的业务系统设定原始数据的形态，定义数据格式转换规则。当从链节点接收到某类电力业务数据后，依据规则对该类数据进行形式化模式构造，统一化数据模型，在一段时间内将其打包为区块并生成摘要。数据结构主要包括标识、类型、签名者、时间戳等几部分，其数据格式定义见表 5-1。

表 5-1　　　　　　　　　　　　　从 链 数 据 结 构

标识	处理中，可保证数据的唯一标识，通常为哈希值
类型	进行操作时，定义操作的数据类型，可以有一种或多种
签名者	进行操作时，对数据进行签名的签名者的集合
时间戳	正整数，从 1970 年期的时间计算，精度为毫秒，正序增加

2. 数据记录上链

在区块中，每条数据记录包含 3 个元素，即公钥、数据摘要和区块体数据。其中，公钥用于确认数据生产设备的身份及访问权限；数据摘要是将数据进行 Hash 计算，用于校验数据的完整性，并作为数据索引；区块体数据存储描述性信息，如数据种类及生成时间戳等，便于在区块链中按照类别查询数据，提高数据搜索速度。

3. 块数据同步

基于主从链块数据同步的特性，支持主链与从链间数据的快速同步，优化通信协议，支持以主链为核心的从链同步方式或者以从链为核心的同步方式，并支持跨域的数据共享，其共享逻辑如图 5-9 所示。

在电力区块链架构下，区块链主从链的数据形式化处理技术主要解决数据的转换、发布、存储 3 个过程，如图 5-10 所示。

（1）电力区块链各项应用开发时可以使用从链，从链存储的主要为电力数据，主链存储价值数据，因为主链的存储空间有限，所以只会存储一些必要的有用的数据，从链数据需要经过压缩处理才能存储到主链中进行数据共享。在数据转换方面，各业务系统

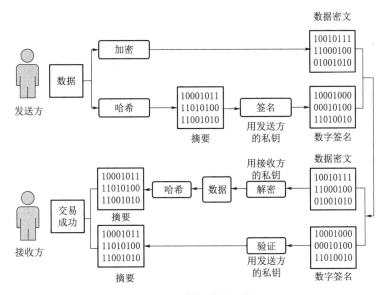

图 5-9 数据共享逻辑

内部产生的数据在数据发布前，需要根据项目提出的数据形式化处理模型将数据处理为结构一致的形式化数据，等待数据发布模块的处理。

（2）在数据发布方面，数据发布模块接收来自数据转化模块的形式化数据，并判断该数据是否需要发布至主链上，若需要将其发布至主链上，则对其作标记；若不需要，则不进行操作。当判断为需要时，利用非对称加密算法对数据进行加密，加密签名后的数据打包为区块形式，广播至业务系统从链中。若不需要则对数据进行签名，并将其广播至主链网络中，构建区块进行共识并存储。

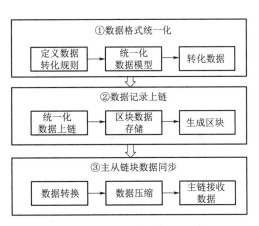

图 5-10 基于区块链的数据共享流程

（3）在数据存储方面，主从链式架构利用分类静态账本＋动态存储技术完成数据存储，其中分类静态账本将链上账本分为资产账本、合约账本、应用账本、日志账本等不同类型，支持合约拥有者和应用拥有者动态更新、升级。

对于各项电力区块链应用，都需要针对数据特性研究转换、发布、存储3个过程的算法。

5.3.2 基于数字签名技术的数据信息确权模型

数据信息确权模型将电力数据资产的生命周期分为登记、确权、交易、支付4个过程。资产的登记确权作为整个模型中相对前端的一环，它主要通过将电力数据资产的所有者信息、类别信息、内容信息、时间信息以及初始传播信息通过加密、解密算法换算和抽象，形成缩略数字信息，记录在区块链中，使得所有数字内容能够简单、快捷、低成本地完成电力数据资产登记。数据使用者与数据拥有者通过区块链智能合约进行付费与收益分配，如图5-11所示。

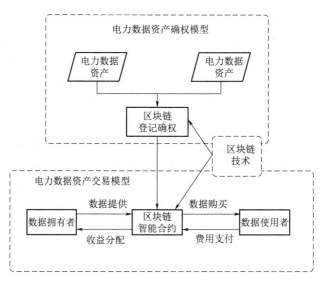

图5-11　电力数据资产确权模型

1. 登记、确权

区块链登记、确权这一核心业务主要包含验证节点权限、对数据摘要签名、生成时间戳保存在区块链中这3个关键环节。区块链的每个区块头中保存的是资产的时间戳缩略信息，后期各个资产的溯源是通过它的时间戳缩略信息进行的。

数据登记确权过程受整个区块链系统中所有节点共同监督。

在区块中，每条数据记录包含3个元素，即公钥、数据摘要及元数据。其中公钥用于确认数据上传节点身份以及访问权限；数据摘要是将电力数据进行Hash计算得到的Hash值，可用于校验数据的完整性，并且可作为在索引链中查找数据的索引；元数据存储着电力数据的描述性信息，如电力数据的种类以及生成时间戳等，便于在区块链中按照类别查询数据，以提高数据搜索速度。

区块链中每条数据记录的公钥完成了电力数据资产的确权工作，每条数据由哪个节点上传、归属权为哪个节点均可由公钥信息进行验证，方便查找交易对象或者进行虚假数据问责。此外，由于电力区块链的弱中心化及全网数据同步的特性，在不通过第三方中介的情况下，各节点均可对数字资产进行溯源，从每条数据的数据源、归属、类别、产生时间到该数据经过哪些操作，均可在区块链中查询，交易与数据一旦被记录在链上，便不能随意篡改，保证了数据的唯一性。

2. 交易、支付

当某个用户需要使用某个主体信息时，先检索索引链中是否存在对应的索引（不获取真正的数据内容）。如果存在，则得到此索引对应的全部索引信息，包括信息描述、价格、数据拥有者的密钥、签名等。数据使用者将包含主关键字的Hash值、密钥对、请求需求等发送给数据拥有者，数据拥有者提取公钥信息并确认为系统合法角色后将符合标准要求的数据利用公钥加密、私钥签名后，生成数据包，发送给数据使用者。数据使用者通过提取公钥、验证合法性后，用私钥解密记录并核对是否为请求的 Hash 值，如果是，则使用数据，形成交易记录。

数据使用者与数据拥有者两者之间通过区块链智能合约进行付费和收益分配。模型中的区块链智能合约实质是控制区块链网络中的数据使用者与数据拥有者对电力数据资产按照交易规则进行编码，能够自动执行且可以部署在区块链网络上运行的一段代码。模型中的区块链智能合约为数据使用者与数据拥有者之间的电力数据资产交易业务提供支撑。数据提供方通过区块链合约进行收益确认，数据使用者通过区块链合约进行购买和费用支付。在区块链智能合约进行交易之前，模型需要根据区块链登记确权过程中给用户生成的数字签名进行数据交易双方的身份确认，之后再进行数据交易。

综上所述，根据数据信息确权模型，研发数据交易、共享平台，可以进一步提取和发挥电力数据的价值。

5.3.3 基于区块链的分布式数据身份认证技术

由于电力系统外部的业务部署在公网上，非信任通道的传输数据，易造成数据的篡改或攻击，需要为数据提供认证服务以确保数据的可信。在电力主从链构建的分布式弱中心环境下，为确保数据来源可信，需要采用数据发布校验、聚合签名、身份认证等关键技术。

数据发布加密与校验技术实现数据源与端之间的数据可信发布及校验，分布式弱中心条件下的数据签名技术通过聚合签名的方式实现分布式多中心的签名将数据发布到链上，基于区块链的数据认证模式确保数据流转在链上可见，为数据提供可信的身份认证管理服务。

1. 数据加密与校验技术

通信终端在发布数据之前签名，获取到数据之后解密，确保数据源可信发布、数据端可信校验。

数据发布方首先将数据内容 y 通过安全散列算法（SHA）进行加密处理，得到数据内容指纹，再对数据内容指纹采用椭圆加密算法（ECC）签名，得到签名后的数据内容指纹，最后将数据内容 y、签名后的数据内容指纹以及签名公钥通过区块一起发布到区块链上。

数据接收方得到数据后，首先使用签名公钥对签名后的数据内容指纹进行 ECC 解密，得到数据内容指纹，而后对 ECC 签名进行校验，若校验成功则说明签名有效、数据正确，若校验失败则说明数据在传输过程中遭到破坏。

2. 分布式弱中心条件下的聚合签名技术

多个区块链节点对发布的数据进行签名，保证数据在发布到链上之前取得了充分的许可和校验。为方便叙述，将标识为 ID 的数据采集装置描述为一个身份为 ID 的用户，区块链节点收到数据发布请求后将其数据扩散到其余节点，并收集其余节点的签名，完成签名聚合后认为数据有效，将其发布到区块链上。其余区块链节点对聚合签名进行校验，校验通过后可添加到区块。

3. 基于区块链的数据认证技术

根据区块链的原理和特性，为数据提供可信的管理及认证服务。在该模式下，通信终端将数据发布到从链，并建立数据指纹，将其发布到所在业务系统的从链，从链将区块哈希上传到主链。在该流程中，部署的合约包括数据身份控制合约（Data Identity Controller Contract，DICC）、数据身份管理合约（Data Identity Manage Contract，DIMC）、数据管理合约（Data Manage Contract，DAMC）等。DICC 作为全局合约记录该从链中所有通信终端的数据身份标识（SC‐ID）、对应的公钥（PubKey）和与其相关联的 DIMC 及 DMAC。在创建 DICC 合约时，数据身份及其合约被一并创建。

其中 DIMC 包括身份创建投票合约（Identity Creation Vote Contract，ICVC）和身份重置合约（Identity Reset Vote Contract，IRVC），为新加入的通信终端创建及重置密钥对。

DAMC 包括数据存储合约（AISC）和数据共享合约（ASSC）以及权限控制合约（AACC），AACC 实现权限控制，AISC 存储数据摘要及数据指纹，包括数据源地址、哈希值、版本号、创建时间等。ASSC 存储数据自身的编号（Doc‐ID）、通信终端编号（SC‐ID）及身份。

通信终端参与到从链，需在本地秘密地生成公私密钥对（SK，PK），其中 SK 为本地秘密存储。然后通过可靠信道将 PK 及其身份信息发送给从链的所有成员数字身份的投票请求，其他成员则通过其 ICVC 参与投票馆的公钥信息，然后为其生成 SC‐ID 并创建 DIMC 及 DAMC 等，完成数字身份注册。

私钥由通信终端秘密存储，一旦内部人员或黑客非法窃取到私钥，就可进行查看、修改和分享等操作。因此，一方面需要通信终端妥善保管；另一方面可基于投票机制对密钥进行重置。首先，通信终端生成新的公钥对，并秘密地通过可靠信道将新的公钥和 SC‐ID 等信息发送到从链进行 DICC 重置公钥。

数据新增流程如下：通信终端首先生成一对随机的密钥 edk（key，iv）用于数据附件和数据对象的加密，然后先用 edk 对数据附件加密后存储到从链，并将附件 Hash 值、加密附件的指纹和其他数据属性整合为数据对象（Doc JSON）加密后存储，对 SC‐ID、Doc ID、数据对象 Hash 值和加密数据对象的数据指纹等信息进行签名，通过 RESTful 服务发送到智能合约进行处理。AISC 收到新增数据请求后，调用 AACC 从签名中恢复公钥信息，并与 DICC 中登记的密钥进行对比，若身份检查通过，则在合约中添加数据编号与摘要等信息的映射。数据更新操作流程与新增类似，不同之处在于 DA 不会重新生成 edk，而是使用在新增数据时创建的 edk；DA 会根据 Doc ID 从 AISC 从链中取出 Doc JSON（密文）并解密，然后根据更新的数据信息生成新的 Doc JSON（数据），并加密存储到从链和 AISC 中。

数据验证过程如下：通信终端对 SC‐ID、Doc ID 等信息进行签名发送到 RESTful 服务处理，RESTful 服务收到请求后从主链上的 BDPC 中获取最新的从链区块快照信息，并与从链中的区块信息进行比对验证，若验证不通过则返回从链数据异常错误，若验证通过则将签名发送到智能合约处理。AISC 收到请求后，先通过 AACC 对通信终端身份进行检查，然后根据 Doc ID 从合约中查询该数据的摘要信息 List＜DocJSON（数据所在区块），DocJSON（Hash）＞并返回。DA 从 AISC 获取信息后，先根据从链中获取的 Doc JSON（密文），然后根据本地的 edk 信息解密得到 Doc JSON（数据），并验证其 Hash 值是否与 Doc JSOH（Hash）一致，验证不通过则返回从链数据异常错误，最后将可信任的 Doc JSON（数据）与本地数据库中的数据信息进行比对验证，若验证不通过则返回本地数据异常的错误。

在数据验证过程中产生的数据异常错误，可采用下述方法进行恢复。

（1）源数据异常。通过从链和主链上的 BDPC 存储的区块信息进行比对，发现异常后可以继续与 BDPC 之前存储的区块信息进行对比，定位出异常区块高度，并在从链中基于此区块高度重新开始创建新的区块。

（2）从链数据异常。由于 AISC 中存储了该数据所有历史版本的数据指纹和 Hash 值等信息，在发现当前版本的数据信息被篡改后，还可以回滚到之前的某个正确历史版本上。

（3）本地数据库数据异常。通过链上可信的数据文件重置本地数据库中被篡改的数据。

对于协同研发方面，可进一步研究为确保数据来源可信采用的数据发布校验、聚合签名、身份认证等关键技术，探索新的非对称算法，以提高防破解能力。

5.3.4　基于时间戳技术的快速追溯技术

基于时间戳快速追溯技术，形成多方参与且信息透明、共享、保真的追溯链，从而实现电力产业数据的追溯安全管理。

支持时间戳溯源的数据模型由区块链结构层、单一资产事务链结构和关联资产结构 3 部分组成。区块链中以时间序列的方式记录事务信息，并不记录事务之间的关系，单一资产的事务链结构将区块链结构中相关链的事务串联起来，并在事务中记录某个数字化资产。因此，单一资产的事务链结构是某一种数字化资产的事务记录按照时间序列的方式串联起来的事务链。关联资产结构记录某一资产与其他资产之间的依赖关系。

在传统区块链结构的基础上，构建支持时间戳溯源的数字化资产事务模型，分别支持单一数字化资产事务链的溯源和多种数字化资产关系的溯源。首先，在这一模型中，支持数字化资产的自定义和自解释，为区块链的扩展提供了基础保障；其次，支持区块链结构到单一数字化资产事务链的关系链接，即区块、区块中事务、事务的资产、相关联资产，通过时间序列关系串联单一数字化资产的全部事务，以此实现对任意数字化资产全生命周期流转过程的时间戳溯源；最后，记录资产之间的关系，通过描述资产间的关系类型，如依赖、包含、组合、分割等，按照时间序列将资产的关联关系、具体操作类型记录下来，形成资产关系时序图。

支持时间戳溯源的数字化资产复杂事务模型采用数字化资产与区块链结构融合的方式，支持对数字化资产的自定义，并对所有上链数据有据可循、有痕可依。

基于时间戳的快速追溯技术进一步加强了数据信息的不可篡改性，可进一步研究电力数据的内在关联性，形成支持时间戳溯源的数字化资产复杂事务模型支持区块与事务、事务与资产、资产与相关资产的多层关联，为各结构之间提供安全性校验。

5.3.5　基于区块链的能源数据保全技术

能源行业的电子数据保全非常重要，也一致得到广泛的应用。电子数据保全使用了密码学相关技术，对合约、合同、数据等多种信息进行电子化，然后使用电子签名技术对这些电子化数据进行数字化签名，达到不可否认和不可更改的目的，进而方便司法取证等的使用。原则上来说，电子数据的保全在信息安全方面已经做得足够好，可以满足目前市场对电子数据保全的要求。但是，这种电子数据保全方案仍有许多不完美，如中心化部署和存储带来的安全隐患、集中式运营带来的高成本和存疑问题、真实电子数据无法公开和追溯等。所以，电子数据保全急需新的技术解决上述问题，使得电子数据保全的应用更加全面和完整。

区块链技术的诞生是伴随着去中心化产生的，在与电子数据保全业务的结合中，它的诸多优点可以集中应用到电子数据的管理中，从而解决上述问题。区块链技术自带密码学属性，可以很好地与电子数据保全结合。区块链技术中使用 Hash 等密码算法以及数字证书，如果将电子数据存储到区块链中，由于区块链以时间戳为顺序排列且不可更改，可以很方便地实现电子数据的追溯，同时区块链不可更改的属性也自然得到充分发挥，任何个人和企业，包括电子数据的运营方都无法对电子数据进行篡改。这个优势的运用，直接和现在市面的电子数据保全方案互相补充，势必让电子数据保全的应用更加完美。

基于区块链的电子数据保全系统，每个组织机构作为区块链网络中的一个节点，将业务电子文档存储在数据保全系统中，数据保全系统将合同存储在区块链上，被授予权限的机构作为区块链网络中的节点可以直接在区块链上查询业务电子文档。区块链不仅提供了不同组织机构之间的数据共享平台，还保证业务电子文档的真实性与一致性。同时，利用智能合约实现业务电子文档的全生命周期管理，包括业务电子文档生成、存储、审核、更新与查询，不仅提高了跨机构的工作效率，还降低了运营成本。

5.4　数据交换与共享

5.4.1　基于主从链架构的跨链事件交互方法

电力主从链除了解决终端、应用的可信接入外，还要解决主链与从链之间的跨链交互问题，选择合适的跨链技术、设计交互流程与交互协议。主从链跨链通信技术如图 5-12 所示。

区块链的跨链技术是区块链性能拓展的最佳途径，实现了不同区块链间的数据通信和价值转移，是区块链向外拓展和链接的桥梁。随着区块链应用的不断铺开，不同的区块链应用与日俱增，尤其是联盟链和私有链的增多，区块链之间无法有效互联互通，形成了一座座"信息孤岛"，严重阻碍了区块链的进一步发展，跨链技术可以广泛应用于跨链数据交互、资产转移等场景。目前主流的跨链技术主要有 3 种，即公证人机制、从链/中继和哈希锁定。

公证人机制通过选举一个或多个组织作为公证人，在区块链 A 上的节点通过代理建立长连接或短连接的方式，对区块链 A 上的交易监听或者轮询，并在指定交易发生后，

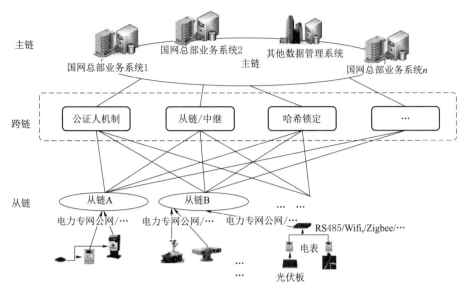

图 5-12 主从链跨链通信技术

在区块链 B 上执行相应动作,从而实现对特定交易的响应。公证人群体通过特定的共识算法,对交易是否发生达成共识。从链/中继技术是比特币协议的补充,使得比特币与从链之间进行无信任通信。锚定的从链能够在多个区块链之间转移比特币和其他区块链资产。用户可以轻松地使用另一个系统中已经拥有的资产访问新的加密货币系统。从链/中继技术以轻客户端验证技术为基础,即在区块链 B 上执行类似区块链轻客户端功能的智能合约,通过验证链 A 的加密哈希树(Cryptographic Hash tree)以及区块头(Block header)来验证链 A 的某项特定交易、事件或状态信息是否发生。哈希锁定(Hash-locking)通过在两条链上运行特定的智能合约,实现跨链交易与信息交互。用户 A 生成随机数,并计算出该随机数的 Hash 值发送给用户 B;A 和 B 通过智能合约先后锁定各自的资产;如果 B 在一定时间内收到正确的 Hash 值,智能合约自动将 B 的资产转移给 A,否则退回给 B;如果 A 在一定时间内收到随机数,A 的资产将自动转移给 B,否则退回给 A。

公证人机制需要存在可信的公证人节点或集群,所有跨链交易都要基于公证人节点,这从安全的角度来看,会引入严重的隐患,如果有公证人节点被攻击或者有恶意节点伪装成公证人节点,则整个主/从链系统的跨链交互都将不可信或者无法进行。尽管哈希锁定通过智能合约和超时机制保障了跨链交易的安全,但也受这种机制的影响,交互机制复杂导致人工执行犯错的可能性较大,目前也只在基于比特币的闪电网络中应用。

电力区块链参考目前已有技术方案,在中继方式的基础上采用协作网络的方案实现跨链,避免引入公证人带来信息泄露隐患,同时实现上也更加灵活,减少了哈希锁定繁杂的流程。设计上是采用中继区块链的中继方案,中继区块链在整个跨链流程中扮演着核心角色,但这条中继链的共识算法,会使通信协议影响整个多区块链网络的吞吐量。因此,可将跨链交互的中继部分采用非区块链的中间件方式实现。

79

1. 基于协作网络的跨链交互流程

电力区块链基于从链/中继提出了一种称为支持互操作的主从链架构的新架构，作为连通不同区块链的解决方案。

在用户发起数据服务后，数据服务信息在节点之间传播，并记录到区块链中。只有网络中的节点才能处理用户发起的数据服务。这样，区块链系统是孤立的。为了扫清造成区块链通信隔离的障碍，创建多个异构区块链网络，为异构区块链设计了支持互操作的主从链架构。在该架构中，区块链系统能够与其他区块链系统建立连接。两个系统连接后，数据和消息被共享。

通过创建一个称为协调网络的独立组件，使异构区块链系统可互操作。协调网络包含一组协调节点，协调节点是受独立的区块链子系统信任，并由区块链子系统所运行的节点。多个协调节点互相联系，构成一个 P2P 网络，维护主从链系统中的多个区块链子系统的路由信息和身份认证信息。每当新加入一个区块链，该区块链选出一个协调节点，连接至协调网络，经过一系列初始化，该区块链就可以和区块链网络中的其他区块链进行通信。

主从链架构中每个逻辑上独立运行的单位都可以看作一个节点，主链和从链都是节点之一，这些节点是组成整个主从链架构的最小运行单位。根据这些节点在整个主从链架构中的作用，可将这些节点分为普通节点、交互节点、中继节点和协调节点。

(1) 普通节点主要是区块链内部的轻量节点、全量节点和矿工节点。其中，轻量节点只存储部分区块信息或者区块的部分信息（如区块头信息、区块哈希等），这些轻量节点适合部署在硬件资源有限的设备上；而全量节点则包括全部区块和数据服务列表，需要同步所有的区块链数据，一般拥有较强的存储能力；矿工节点一般负责更多的计算任务，拥有较强的计算能力，通过暴力计算密码学难题获取答案，从而生成新的区块并传播出去，同时与区块链内其他节点同步、共识。普通节点数量应该是主从链架构中数量最多的一类节点。所有的普通节点即可构成一个完整的独立区块链网络。普通节点连接的节点是该区块链内的其他普通节点和交互节点。

(2) 交互节点。全部由普通节点组成的区块链网络不具有和区块链外交互的能力，不具备交互能力的区块链显然也没有应用的价值。因此，还需要有能够提供区块链内外交互能力的节点。交互节点本身是一种特殊的普通节点，和普通节点的区别在于交互节点提供了和区块链外交互的能力。交互节点连接的是该区块链内的普通节点和中继节点。

(3) 中继节点是整个主从链架构中的核心部分，在区块链网络中负责子区块链信息适配，维护子区块链的交互节点列表，通过交互节点崩溃后快速切换而保证子区块链的高可用，同时起到负载均衡的作用。由于异构区块链中共识协议、服务接口、数据服务类型都不一样，所以需要中继节点来屏蔽掉区块链子系统中的差异，将特定交互格式转换成为通用的跨链服务交互格式，进而与其他异构区块链进行跨链交互。中继节点连接区块链子系统中交互节点、协调节点以及其他区块链子系统的交互节点。

(4) 协调节点实际由每个区块链子系统选举出来并运行的节点，受当前子区块链的信任。与其他协调节点共同组成一个协调网络，同步一些必要信息，其中包括子区块链状态、中继节点状态和路由信息。跨链数据服务的一致性并不依赖协调节点，协调节点在整个跨链交互过程中起到的作用包括提供路由和记录跨链交互状态。跨链交互状态中记录的是交互双方数据服务哈希的索引，并不能根据协调节点上的记录之间判断跨链交互是否存在，而是通过索引在交互的两条链内找到记录并判断状态。

主从链系统通过中继节点和协调节点连接，即可实现跨链通信。主从链通过协作网络进行通信，那么协作网络的吞吐量很有可能成为主从链跨链交互的瓶颈。因此，这里提出的主从链架构中继部分选择中继节点和协调节点，没有复杂的共识机制，只作为通信和记录的中间件，跨链交互不依赖中继的记录状态。多条区块链平行存在，主从链之间通过中继节点和协调节点做松散的耦合，整个主从链架构趋于扁平化，符合架构设计中高内聚、低耦合的思想。

2. 基于协作网络的跨链交互协议

所有的跨链操作基本可以分为跨链查询和跨链数据上链。其中跨链查询在公有链中基本都能较好地实现，但在联盟链和私有链中需要增加鉴权的操作，避免隐私数据被无权限的数据请求方获取。

从跨链数据服务的角度而言，传统单一区块链的数据服务基本可以分为数据服务的生成、同步、共识、验证、记录上链 5 个流程。在单链的场景下，数据服务在区块链内部的账户之间发生，然而处理不同区块链之间的数据上链需要考虑更多的因素。

关于跨链查询，选择在区块链外设置一个 Agent，并基于 Pull 模型将该区块链的基本数据定时抓取到链外，通过查询接口为其他数据请求方提供服务。对于本章的主/从联盟链架构来说，数据还有隐私方面的考虑。在跨链查询的交互过程中，查询的接收方在收到请求后会对请求方进行鉴权，查询方在收到查询响应后会对响应进行校验，以充分保证跨链查询的安全性和隐私性。跨链查询时序图如图 5-13 所示。

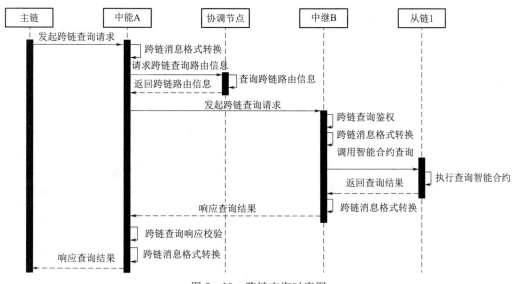

图 5-13　跨链查询时序图

跨链数据服务需要考虑更多的影响。首先，源系统需要知道如何使数据服务传播到目标链系统；其次，主从链数据服务中要进行身份认证和数据服务的共识；最后，两个相关的链在完成跨链数据服务后必须保证最终数据一致。

为了保证分布式环境下主/从链场景下跨链数据的一致性，可采用基于三阶段提交协议，设计了跨链数据服务协议。三阶段提交协议的核心是预执行和超时机制，而且是非阻塞的，不会因为某条数据服务异常阻塞影响其他数据服务。在跨链数据服务场景下，一条跨链数据服务只有两条区块链受到影响，因此可以简化预执行和确认过程，将一笔跨链数据服务的 3 个阶段串行化，减少复杂的确认过程。此外，每次跨链连接都需要身份认证和授权，且建立连接后会将该连接持续一段时间，不需要在之后多次响应确认中重复认证，如图 5 - 14 所示。

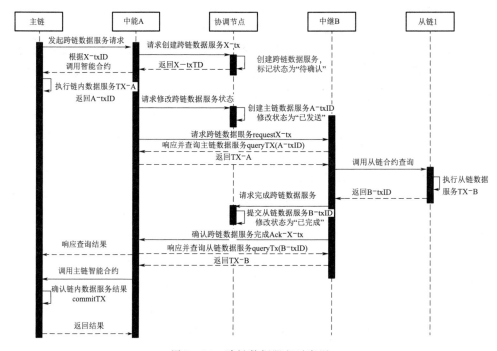

图 5 - 14　跨链数据服务时序图

智能合约和用户一样，其本身也有一个地址，这个地址可以用来转入或者转出资产。在数据服务发起方，在区块链 A 上预执行时，实际上是将区块链 A 的数据指纹转入到智能合约的地址上，当提交时则是将数据指纹转移到数据服务接受方上。

整个数据服务流程中共涉及 3 次智能合约调用，即区块链 A 上的预执行、区块链 B 上的执行和最后区块链 A 上的确认。参考 3 阶段提交协议的超时机制，3 次智能合约调用都存在一个超时，防止突然出现网络分区或者某一方中继或节点全部宕机。当首次调用智能合约触发超时事件时，则直接取消本次跨链数据服务；当第二次调用智能合约触发超时事件时，则可以直接进入第三次智能合约调用，从而进行回滚；第三次智能合约的调用是由区块链 A 上的智能合约发起，触发超时事件后反复进行尝试即可保证该笔智能合约完成。

针对以上技术，可进一步研究完善跨链消息，使之适应多样性的电力应用。例如，跨链交互与一般的应用交互有所不同，具有隐私和数据保密需求的私有链和联盟链不会将节点公网地址轻易暴露，一般采用定期更换的网关和特定的域名解析。因此，在消息格式设计中源地址和目的地址不是常见公网的地址，而是源区块链和目的区块链，通过协调节点和中继节点的转发来传输跨链消息。

5.4.2　开放式命名索引服务

目前，已有的区块链技术受比特币影响，在以数据作为一种资产进行交易、存储、共享方面达成了一致性，但缺乏一定的系统生态的设计。为此，需要为资产标识构建一种统一的命名机制，以便数据资产的统一管理。

ODIN（Open Data Index Name，开放数据索引命名标识）是指在网络环境下标识和交换数据内容索引的一种开放性系统，它遵从 URI 规范，并为基于数字加密货币区块链的自主开放、安全可信的数据内容管理和知识产权管理提供了一个可扩展的框架。它包括 4 个组成要素，即标识符、解析系统、元数据和规则。狭义上，ODIN 是指标识任何数据内容对象的一种永久性开放标识符。

ODIN 可以形象地理解为"数据时代的自主域名"，是基于区块链定义并可扩展兼容更多区块链的完全开放、去中心化的命名标识体系，与传统的 DNS 域名相比拥有更多创新特性，可以很好地应用到大数据、智能设备和物联网等新兴领域。

首先，每个有意开放数据的数据生产者（Data Producer）可以通过开源的 ODIN 注册客户端，来自主注册获得一个 ODIN 号（成为 ODIN 拥有者）。以此为前缀可以为其开放的每一份数据资源编制一个包含其本身 ODIN 前缀的且增加了后缀的 ODIN 标识串，并将该 ODIN 标识串映射到数据资源的元数据和 URL 上，这样 ODIN 就成为数据资源的一部分，始终与该数据资源共存。然后，已被开放的这些数据资源的 ODIN 记录、元数据及其 URL 信息可以 JSON 编码的形式保存在该 ODIN 拥有者的数据库内，这些被集中存储起来的资源就形成一个 ODIN 资源标识库。

当用户根据 ODIN 标识串寻找一个数据资源或有关这一资源的相关信息时，查询请求就会通过开源的 ODIN 解析库在区块链上进行定位，然后被传送到该 ODIN 拥有者所登记的访问点（Access Point）上进行解析并得到该数据资源的元数据描述和实际数据 URL 链接。

ODIN 拥有者可以完全开放数据资源访问权，也可以通过适当的自定义机制让用户获取数据资源访问权，如通过订购、资源传递、按浏览付费或者预印本付费等方式获得。基于 ODIN 开发电力区块链应用，对交易数据及数据资产统一标识，为更广泛的数据共享打下基础。

5.4.3　基于区块链的可信数据共享架构

能源互联网企业内部与外部的数据共享，本质上是解决数据提供者与消费者之间的共享问题，主要包括数据资产的标识、分布式存储与对等交换三部分。基于区块链的数据安全共享网络体系依托于现有的互联网架构，承载联盟链或私有链，将数据作为资产进行统一标识，利用区块链将数据进行分布式存储，通过构建高效分发协议，实现数据在提供者与消费者间自主对等（Peer to Peer Information Centric Network，P2P ICN）的共享。具体内容如下。

1. 去集中化数据统一命名技术及服务

结合企业数据的规范和 URI（统一资源标识符）规范，基于 SID 建模提出开放式数据索引命名技术（Open Data Index Named，ODIN），为网络环境下自主命名标识和交换数据内容索引提供一种开放性系统，为自主开放、安全可信的数据内容管理和知识产权管理提供了可扩展的数据统一命名标识体系，为数据提供者与消费者间共享奠定基础。

2. 授权数据分布式高效存储

以区块链为数据承载基础，当数据接入时，将其作为一种资产，并对其进行授权加密，实现控制访问权限的约束。同时，结合业务特征与需求，在去中心化的网络边缘进行分布式存储，数据缓存管理和缓存策略也成为基于区块链数据间安全共享的一个难题。

3. 支持自主对等的数据高效分发协议

基于区块链的数据共享本质上就是为了实现一种 P2P 的数据对等共享网络。其中，数据安全共享网络依托于现有的互联网架构，承载联盟链或私有链，将数据作为资产进行统一标识，利用区块链将数据进行分布式存储，通过设计高效分发协议，实现数据在提供者与消费者间自主对等的信息中心网络。在基于区块链的可信数据共享架构下进一步研究数据分发技术，做到数据分发的可知、可控。

5.4.4 能源互联网数据可信共享协议

在能源互联网泛在业务接入网络体系架构中，泛在业务数据通过数据标识（ODIN）进行访问，由于区块链自身存储性能较差，如果将全部的泛在业务数据存储在区块链中，则会导致访问效率低下。因此，将泛在业务数据与数据标识（ODIN 命名）解耦存储与传输，将相对稳定的数据标识及对应的公钥通过区块链存储，以保证数据标识的不可篡改性，而将实时变化的数据本身通过 NDN 网络存储与交换，保证数据的实时性。

泛在业务数据通过数据签名和非对称加密技术保障数据的切片安全共享，泛在业务数据的可信共享过程如下。

1. 业务数据签名及验证流程

数据发布者采用自身私钥签名后发布业务数据，签名业务数据通过 NDN 网络进行传输，数据消费者接收到签名业务数据后，从区块链同步数据发布者公钥信息，采用数据发布者公钥信息解析并使用业务数据，保证业务数据的可信性。流程示意图如图 5-15 所示。

图 5-15　业务数据签名及验证流程图

2. 业务数据加/解密流程

（1）数据发布者采用不同数据消费者的公钥对业务数据进行加密，并用自有私钥对业务数据进行签名。

（2）签名加密数据通过 NDN 网络进行存储与传输。

（3）对应的数据消费者采用从区块链同步的数据发布者公钥进行验证。

（4）验证通过后，用自有私钥对数据进行解密获得数据，保证数据的安全切片共享。流程示意图如图 5-16 所示。

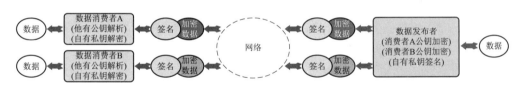

图 5-16 业务数据加/解密流程图

3. 基于命名数据网络的共享流程

基于区块链的高效、可靠数据共享协议采用基于 NDN 网络的自主对等数据交换机制，并对 NDN 网络中的数据使用基于 ODIN 标识的命名体系进行数据标识及解析。

在数据交换流程中，业务系统输入业务标识信息请求业务数据，通过数据网关向分布式数据可信链节点请求标识解析（对应数据具有访问限制，若有权限则返回数据对应密钥；否则告知无权限访问），得到数据访问地址并将请求签名后打包为兴趣报文，并将兴趣报文转发到该地址。兴趣报文进入 NDN 网络后，路过每网络节点按照 PIT、CS、FIB 的顺序分别对该标识对应的内容进行查找。在某网络节点获取到数据报文后将数据报文原路返回。最终数据网关获取到报文后（对于有限制报文，用数据对应私钥解密），并采用发布者公钥对来源进行验证。

下一步可基于能源互联网可信共享协议开发电力区块链应用，在数据冗余和数据可靠性之间取得平衡。

个人用户在电子数据提供方办理业务，电子数据提供方业务系统将业务电子文档发送给数据保全系统（图 5-17），电子数据提供方在保全系统的区块链上运行业务电子文

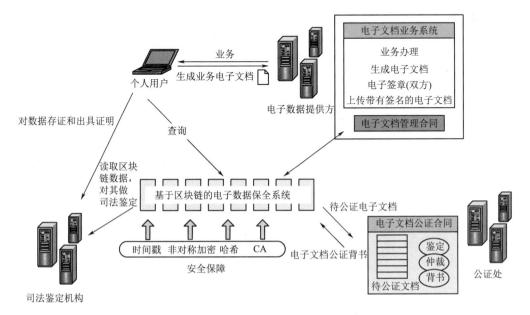

图 5-17 基于区块链的数据保全系统

档管理，对其进行存储。同时，公证处实时获取未被公证的业务电子文档，并将其公证、鉴定、仲裁、背书，以增加数据的权威性、真实性和可信性。司法鉴定机构可以实时从公证处和电子数据提供方同步数据，将已被公证的数据安全、完整地存储。

下一步，建立基于区块链的能源数据保全平台，将业务电子文档归档，为客户提供业务电子文档存证和出证服务，提供电子数据查询和验证数据。

第6章
基于专利的企业技术创新力评价

为加快国家创新体系建设，增强企业创新能力，确立企业在技术创新中的优势地位，一方面需要真实测度和反映企业的技术创新能力，另一方面需要对企业的创新活动和技术创新力进行动态监测和评价。

基于专利的企业技术创新力评价主要基于可以集中反映创新成果的专利技术，从创新活跃度、创新集中度、创新开放度、创新价值度四个维度全面反映电力信息通信区块链技术领域的企业技术创新力的现状及变化趋势。在建立基于专利的企业技术创新力评价指标体系以及评价模型的基础上，整体上对区块链技术领域的申请人进行了企业技术创新力评价。为确保评价结果的科学性和合理性，区块链技术领域的申请人按照属性不同，分为供电企业、电力科研院、高等院校和非供电企业，利用同一评价模型和同一评价标准，对不同属性的申请人开展了技术创新力评价。通过技术创新力评价全面了解区块链技术领域各申请人的技术创新实力。

以已申请专利为数据基础，从多维度进行近两年公开专利对比分析、全球专利分析和中国专利分析，在全面了解区块链技术领域的专利布局现状、趋势、热点布局国家/区域、优势申请人、优势技术、专利质量和运营现状的基础上，从区域、申请人、技术等视角映射创新活跃度、创新集中度、创新开放度和创新价值度。

6.1 基于专利的企业技术创新力评价指标体系

6.1.1 评价指标体系构建原则

围绕企业高质量发展的特征和内涵，按照科学性与完备性、层次性与单义性、可计算与可操作性、动态性以及可通用性等原则，构建一套衡量企业技术创新力的指标体系。从众多的专利指标中选取便于度量、较为灵敏的重点指标（创新活跃度、创新集中度、创新开放度、创新价值度），以专利数据为基础构建一套适合衡量企业创新发展、高质量发展要求的评价指标体系。

6.1.2 评价指标体系框架

衡量企业技术创新力的指标体系中，一级指标为总指数，即企业技术创新力指标。二级指标分别对应四个构成元素的指标，分别为创新活跃度指标、创新集中度指标、创新开放度指标、创新价值度指标；其下设置4～6个具体的核心指标，予以支撑。

1．创新活跃度指标

本指标是衡量申请人的科技创新活跃度，从资源投入活跃度和成果产出活跃度两个方面衡量。创新活跃度指标分别采用专利申请数量、专利申请活跃度、授权专利发明人数活跃度、国外同族专利占比、专利授权率、有效专利数量 6 个三级指标来衡量。

2．创新集中度指标

本指标是衡量申请人在某领域的科技创新的集聚程度，从资源投入的集聚和成果产出的集聚两个方面衡量。创新集中度指标分别采用核心技术集中度、专利占有率、发明人集中度、发明专利占比 4 个三级指标来衡量。

3．创新开放度指标

本指标是衡量申请人的开放合作的程度，从科技成果产出源头和科技成果开放应用两个方面衡量。创新开放度指标分别采用合作申请专利占比、专利许可数、专利转让数、专利质押数 4 个三级指标来衡量。

4．创新价值度指标

本指标是衡量申请人的科技成果的价值实现，从已实现价值和未来潜在价值两个方面衡量。创新价值度指标分别采用高价值专利占比、专利平均被引次数、获奖专利数量和授权专利平均权利要求项数 4 个三级指标来衡量。

本企业技术创新力评价模型的二级指标的数据构成、评价标准在附录 A 中进行详细说明。

6.2　基于专利的企业技术创新力评价结果

6.2.1　电力区块链领域企业技术创新力排行

表 6-1　　　　　　　　　　　　电力区块链领域企业技术创新力排行

申请人名称	技术创新力指数	排名
中国电力科学研究院有限公司	78.3	1
北京汇通金财信息科技有限公司	75.9	2
国电南瑞科技股份有限公司	74.6	3
广东电网有限责任公司电力科学研究院	73.7	4
国网江苏省电力有限公司	72.2	5
国网信息通信有限公司	71.5	6
南京南瑞集团公司	69.2	7
北京科东电力控制系统有限责任公司	68.7	8
国网上海市电力公司	68.6	9
电子科技大学	68.3	10

6.2.2 电力区块链领域供电企业技术创新力排名

表 6－2 电力区块链领域供电企业技术创新力排行

申 请 人 名 称	技术创新力指数	排名
国网江苏省电力有限公司	72.2	1
国网信息通信有限公司	71.5	2
国网上海市电力公司	68.6	3
国网山东省电力公司	66.9	4
国网信息通信产业集团有限公司	66.5	5
中国南方电网有限责任公司	66.3	6
中国南方电网有限责任公司电网技术研究中心	64.4	7
广东电网有限责任公司信息中心	64.4	8
国网福建省电力有限公司	63.5	9
广西电网有限责任公司	63.1	10

6.2.3 电力区块链领域电力科研院技术创新力排名

表 6－3 电力区块链领域电力科研院技术创新力排行

申 请 人 名 称	技术创新力指数	排名
中国电力科学研究院有限公司	78.3	1
广东电网有限责任公司电力科学研究院	73.7	2
国网山东省电力公司电力科学研究院	67.2	3
全球能源互联网研究院	66.9	4
国网湖北省电力有限公司电力科学研究院	64.7	5
国网电力科学研究院有限公司	64.5	6
国网江苏省电力有限公司电力科学研究院	64.1	7
国网河南省电力有限公司电力科学研究院	62.6	8
国网重庆市电力公司电力科学研究院	62.2	9
南方电网科学研究院有限责任公司	61.8	10

6.2.4 电力区块链领域高等院校技术创新力排名

表 6－4 电力区块链领域高等院校技术创新力排行

申 请 人 名 称	技术创新力指数	排名
电子科技大学	68.3	1
上海交通大学	68.2	2
南京邮电大学	66.3	3

申 请 人 名 称	技术创新力指数	排名
燕山大学	61.7	4
华北电力大学	61.5	5
华南理工大学	57.8	6
广东工业大学	57.2	7
天津大学	55.3	8
合肥工业大学	53.2	9
上海大学	53.2	10

6.2.5 电力区块链领域非供电企业技术创新力排名

表 6 - 5 电力区块链领域非供电企业技术创新力排行

申 请 人 名 称	技术创新力指数	排名
北京汇通金财信息科技有限公司	75.9	1
国电南瑞科技股份有限公司	74.6	2
南京南瑞集团公司	69.2	3
北京科东电力控制系统有限责任公司	68.7	4
赫普科技发展（北京）有限公司	68.0	5
北京中电普华信息技术有限公司	66.2	6
北京握奇数据	66.2	7
北京国电通网络技术有限公司	65.8	8
许继电气股份有限公司	65.0	9
新奥科技发展有限公司	64.9	10

6.3 电力区块链领域专利分析

6.3.1 近两年公开专利对比分析

本节重点从全球主要国家和地区专利公开量、居于排行榜上前 10 位的专利申请人和前 10 位的细分技术分支三个维度对比 2019 年和 2018 年的变化。

6.3.1.1 专利公开量变化对比分析

如图 6-1 所示，基于七国两组织专利公开量看整体变化，2019 年的专利公开量增长率相对于 2018 年的专利公开量增长率增长了 31 个百分点。2018 年专利公开量的增长率为 28.0%，2019 年专利公开量的增长率为 59.0%。

各个国家/地区的公开量增长率的变化不同。2019 年相对于 2018 年的专利公开量增

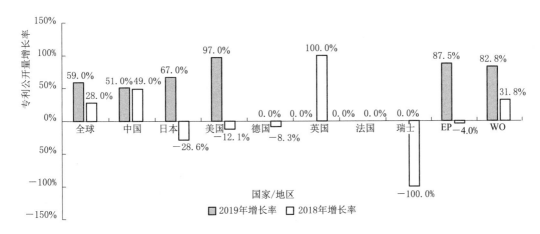

图 6-1　专利公开量增长率对比图（2018 年度和 2019 年度）

长率升高的国家/地区包括美国、日本、中国、EP、WO 和瑞士。2019 年相对于 2018 年的专利公开量增长率无变化或降低的国家/地区包括德国、英国和法国。

美国 2019 年的专利公开量增长率环比增长了 109 个百分点。瑞士 2019 年的专利公开量增长率环比增长了 100 个百分点。日本 2019 年的专利公开量增长率环比增长了 96 个百分点。EP2019 年的专利公开量增长率环比增长了 92 个百分点。WO2019 年的专利公开量增长率环比增长了 51 个百分点。中国 2019 年的专利公开量增长率环比增长了 2 个百分点。

英国 2019 年的专利公开量增长率环比降低了 100 个百分点。德国 2019 年的专利公开量增长率环比降低了 8 个百分点。

法国 2019 年的专利公开量增长率相对于 2018 年的专利公开量增长率无变化。

可以采用 2019 年的专利公开量增长率相对于 2018 年的专利公开量增长率的变化表征主要国家/地区在区块链技术领域近两年的创新活跃度的变化。整体上来看，在全球范围内，2019 年的创新活跃度较 2018 年的创新活跃度高。聚焦至主要国家/地区，2019 年的创新活跃度较 2018 年的创新活跃度高的国家/地区包括美国、日本、中国、EP、WO 和瑞士。2019 年的创新活跃度较 2018 年的创新活跃度低以及无变化的国家/地区包括德国、英国和法国。

6.3.1.2　申请人变化对比分析

如图 6-2 所示，2019 年居于排行榜上的供电企业和电力科研院的数量较 2018 年增加了 4 个，而且，具体的供电企业和电力科研院的排名有所变化。

同时居于 2019 年和 2018 年排行榜上的供电企业和电力科研院包括国家电网有限公司、中国电力科学研究院有限公司、国网江苏省电力有限公司、南方电网科学研究院有限责任公司和南瑞集团有限公司。

2019 年新晋级至排行榜上的供电企业和电力科研院包括中国南方电网有限责任公司、国网电子商务有限公司、国网浙江省电力有限公司、国网信息通信产业集团有限公司和广东电网有限责任公司。

国家电网有限公司	1	国家电网有限公司
中国电力科学研究院有限公司	2	中国电力科学研究院有限公司
西门子公司	3	中国南方电网有限责任公司
南瑞集团有限公司	4	国网江苏省电力有限公司
温州市图盛科技有限公司	5	国网电子商务有限公司
国网浙江省电力有限公司温州供电公司	6	国网浙江省电力有限公司
南方电网科学研究院有限责任公司	7	国网信息通信产业集团有限公司
国网上海市电力公司	8	南方电网科学研究院有限责任公司
北京科东电力控制系统有限责任公司	9	南瑞集团有限公司
国网浙江省电力有限公司	10	广东电网有限责任公司

2018年度　　　　　　　　　　　　　　　　　　2019年度

图 6-2　申请人排行榜对比图（2018 年度和 2019 年度）

2019 年跌落排行榜的供电企业和电力科研院包括国网浙江省电力有限公司温州供电公司、国网上海市电力公司。

2019 年和 2018 年均无高等院校居于排行榜。2018 年有 3 个（西门子公司、温州市图盛科技有限公司和北京科东电力控制系统有限责任公司）非供电企业居于排行榜上，但是，2019 年均被供电企业和电力科研院替代。

可以采用 2019 年的申请人相对于 2018 年的申请人的变化，从申请人的维度表征创新集中度的变化。整体上讲，2019 年相对于 2018 年，在区块链技术领域的技术集中度整体上进一步的向供电企业和电力科研院集中。

6.3.1.3　细分技术分支变化对比分析

如图 6-3 所示，同时位于 2019 年排行榜和 2018 年排行榜上的技术点包括 H02J3/38（区块链技术应用在"由两个或两个以上发电机、变换器或变压器对 1 个网络并联馈电的装置"）、H04L29/06（区块链技术应用在"以协议为特征的"）、G06Q10/06（区块链技术应用在"资源、工作流、人员或项目管理，例如组织、规划、调度或分配时间、人员或机器资源；企业规划；组织模型"）、H02J3/00（区块链技术应用在"交流干线或交流配电网络的电路装置"）、H02J13/00（区块链技术应用在"对网络情况提供远距离指示的电路装置，对配电网络中的开关装置进行远距离控制的电路装置"）、G06Q10/04（区块链技术应用在"预测或优化，例如线性规划、旅行商问题或下料问题"）、G06Q50/06（区块链技术应用在"电力、天然气或水供应"）、G06Q40/04、G06Q30/06 和 H04L29/08。

2019 年居于排行榜的新增技术点包括 G06Q10/04（区块链技术应用在"交易，例如，股票、商品、金融衍生工具或货币兑换"）和 G06Q30/06（区块链技术应用在"购买、出售或租赁交易"）。

跌落 2019 年排行榜的技术点包括 G06F17/30（区块链技术应用在"特别适用于特定

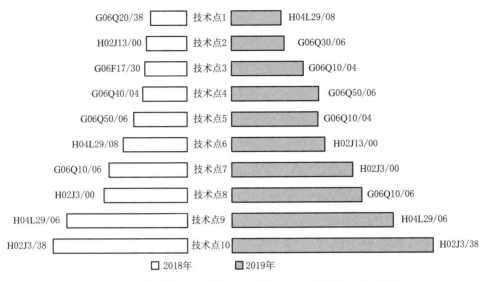

图 6-3 细分技术分支排行榜对比图（2018 年度和 2019 年度）

功能的数字计算设备或数据处理设备或数据处理方法"）和 G06Q20/38（区块链技术应用在"支付协议"）。

可以采用 2019 年的优势细分技术分支相对于 2018 年的优势细分技术分支的变化，从细分技术分支的维度表征创新集中度的变化。从以上数据可以看出，2019 年相对于 2018 年的创新集中度整体上变化不大，局部有所调整。

6.3.2 全球专利分析

本章节重点从总体情况、全球地域布局、全球申请人、国外申请人和技术主题五个维度展开分析。

拟通过总体情况分析洞察区块链技术领域在全球已申请专利的整体情况（已储备的专利情况）以及当前的专利申请活跃度，以揭示全球申请人在全球的创新集中度和创新活跃度。

通过全球地域布局分析洞察区块链技术领域在全球的"布局红海"和"布局蓝海"，以从地域的维度揭示创新集中度。

通过全球申请人和国外申请人分析洞察区块链技术的专利主要持有者，主要持有者持有的专利申请总量，以及在专利申请总量上占有优势的申请人的当前专利申请活跃情况，以从申请人的维度揭示创新集中度和创新活跃度。

通过技术主题分析洞察区块链技术的技术布局热点和热点技术的专利申请活跃度，以从技术的维度揭示创新集中度和创新活跃度。

6.3.2.1 总体情况分析

以电力信通领域区块链技术为检索边界，获取七国两组织（中国、美国、日本、德国、英国、法国、瑞士、EP 和 WO）的专利数据，如图 6-4 所示，总体情况分析涉及含有中国专利申请总量的七国两组织数据以及不包含中国专利申请总量的国外专利数据。

如图 6-4 所示，近 20 年，区块链技术领域的全球市场主体在七国两组织的专利申请总量为 3864 件，其中，不包含中国的专利申请总量为 1636 件。采用专利申请总量表征全球申请人在区块链技术领域的创新集中度，全球申请人在包括中国在内的七国两组织的创新集中度较高，全球申请人在不包括中国的其他国家/地区的创新集中度相对较低。

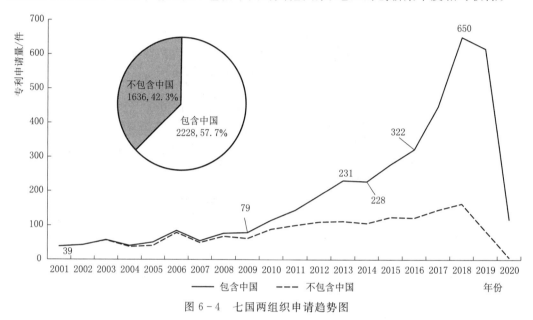

图 6-4　七国两组织申请趋势图

2009 年之后，其他国家（不包含中国）专利申请增速缓慢的前提下，全球专利申请增速显著上升，中国是提高全球专利申请速度的主要贡献国。2009 年之前，包含中国的专利申请趋势和不包含中国的专利申请趋势基本一致，在该阶段整体上略有增长，但是增速较低。

全球申请人在七国两组织的专利申请近五年数量增长飞快，2018 年最多申请量达到 650 件，近五年专利申请活跃度为 55.7％左右，全球市场主体在除中国外的其他国家/地区近五年的专利申请活跃度为 31.8％。近 5 年申请数量之和比本领域全部申请总量可用于表征专利申请活跃度，采用专利申请活跃度表征全球申请人在区块链技术领域的创新活跃度。可见，全球申请人在包括中国在内的七国两组织的创新活跃度较高，在不包括中国的其他国家/地区的创新活跃度相对较低。

6.3.2.2　地域布局分析

如图 6-5 所示，近 20 年，电力信通领域区块链技术，全球申请人在七国两组织范围内申请的 3864 件专利中，在中国的专利申请总量为 2228，占据在七国两组织专利申请总量的 57.6％，中国是专利申请的主要目标国之一。

在美国的专利申请总量位居第二，与位居第一的中国的专利申请总量具有较大差距。

在日本的专利申请总量位居第三，与位居第二的美国的专利申请总量略有差距。

在德国的专利申请总量为 167 件。

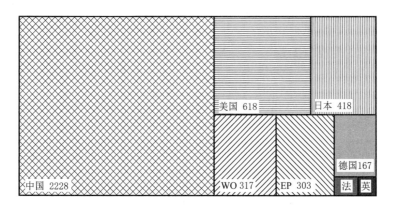

图 6-5 七国两组织专利地域分布图

在法国、英国和瑞士的专利申请总量显著减少，不足百件。

从以上的数据可以看出，当前，中国是区块链技术的"布局红海"，美国和日本次之，法国、英国和瑞士是区块链技术的"布局蓝海"。可以采用在各个国家/地区的专利申请总量，从地域的角度表征全球在区块链技术领域的创新集中度。2009 年之后，在中国的专利申请增速显著的情况下，在中国的创新集中度较高，在日本和美国的创新集中度基本相当，但与在中国的创新集中度差距较大。

6.3.2.3 申请人分析

1. 全球申请人分析

如图 6-6 所示，从地域上看，居于排行榜上的申请人 9 名为中国申请人，1 名为德国申请人（西门子公司）。

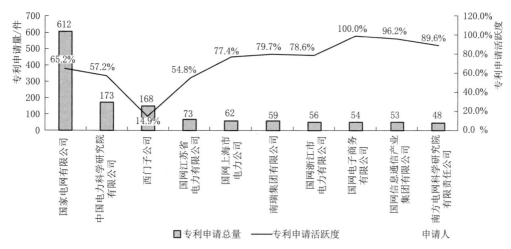

图 6-6 全球申请人申请量及活跃度分布图

从申请数量来看，居于排行榜榜首的国家电网有限公司，以 612 件的专利申请总量遥遥领先于居于排行榜上的其他申请人。中国电力科学研究院有限公司以 173 件的专利申请总量居于排行榜的第二名。中国电力科学研究院有限公司的专利申请总量仅为居于榜首的国家电网有限公司申请总量的 1/4，差距较大。西门子公司以 168 件的专利申请总量居于排行榜的第三名。西门子公司的专利申请总量与居于第二名的中国电力科学研究院有限公司的专利申请总量略有差距。

从专利申请活跃度来看，居于排行榜上的申请人的专利申请活跃度的均值为 71%。其中，专利申请活跃度高于均值的申请人包括国网电子商务有限公司（100.0%）、国网信息通信产业集团有限公司（96.2%）、南方电网科学研究院有限责任公司（89.6%）、南瑞集团有限公司（79.7%）、国网浙江省电力有限公司（78.6%）和国网上海市电力公司（77.4%）。专利申请活跃度低于均值的申请人包括国家电网有限公司（65.2%）、中国电力科学研究院有限公司（57.2%）、国网江苏省电力有限公司（54.8%）和西门子公司（14.9%）。

可以采用居于排行榜上的申请人的专利申请总量，从申请人（创新主体）的维度揭示创新集中度，采用居于排行榜上的申请人的专利申请活跃度揭示申请人的当前创新活跃度。整体上看，在中国专利申请总量相对于其他国家/地区的专利申请总量表现突出的情况下，中国专利申请人的创新集中度和创新活跃度均较高。

2. 国外申请人分析

如图 6-7 所示，从地域上看，居于排行榜上的申请人中有 5 个来自于日本（日立公司、日本电气株式会社、松下电器、三菱电机株式会社和东芝公司），其他 5 个分布在美国和德国等国家。

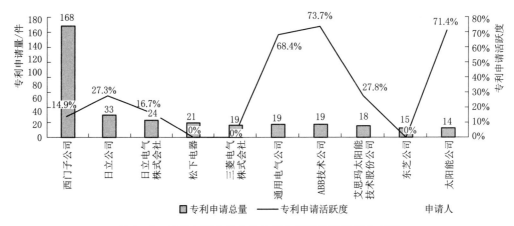

图 6-7 国外申请人的全球专利申请量及活跃度分布图

德国西门子公司以 168 件的专利申请总量居于榜首，日本日立公司以与德国西门子公司较大差距的专利申请总量（33 件）居于第二名，日本电气的专利申请总量（24 件）居于第三名。

美国申请人的专利申请活跃度的均值为 71%，德国申请人的专利申请活跃度的均值为 21%，日本申请人的专利申请活跃度的均值为 9%。

整体上来看，德国申请人的创新集中度最高、创新活跃度相对较低（低于美国申请人）。美国申请人的创新活跃度最高，但是创新集中度相对较低。日本申请人的创新集中度相对较高（仅次于德国申请人），但是创新活跃度较低。

6.3.2.4 技术主题分析

采用国际分类号 IPC（聚焦至小组）表征区块链技术的细分技术分支。首先，从专利申请总量排名前 10 的细分技术分支近 20 年的专利申请态势，洞察未来专利申请的趋势。其次，从各细分技术分支对应的专利申请总量和专利申请活跃度两个维度，对比不同细分技术分支之间的差异。

如图 6-8 以及表 6-6 所示，从时间轴（横向）看各细分技术分支的专利申请变化可知：

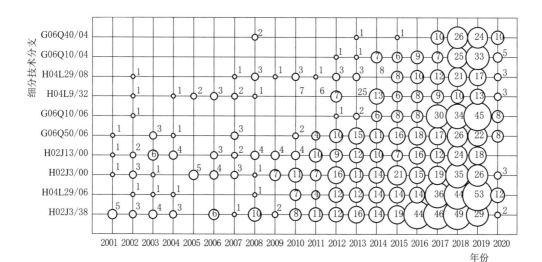

图 6-8　细分技术分支的专利申请趋势图

表 6-6　　　　　　　　　　　IPC 含义及专利申请量

IPC	含　义	专利申请量
H02J3/38	由两个或两个以上发电机、变换器或变压器对 1 个网络并联馈电的装置	284
H04L29/06	以协议为特征的	226
H02J3/00	交流干线或交流配电网络的电路装置	203
H02J13/00	对网络情况提供远距离指示的电路装置，例如网络中每个电路保护器的开合情况的瞬时记录；对配电网络中的开关装置进行远距离控制的电路装置，例如用网络传送的脉冲编码信号接入或断开电流用户	148
G06Q50/06	电力、天然气或水供应	157
G06Q10/06	资源、工作流、人员或项目管理，例如组织、规划、调度或分配时间、人员或机器资源；企业规划；组织模型	143
H04L9/32	包括用于检验系统用户的身份或凭据的装置	117
H04L29/08	传输控制规程，例如数据链级控制规程	95
G06Q10/04	预测或优化，例如线性规划、"旅行商问题"或"下料问题"	94
G06Q40/04	交易，例如，股票、商品、金融衍生工具或货币兑换	74

每一细分技术分支的专利申请量随着时间的推移均呈现出增长的态势。其中，专利

97

申请总量位于榜首的 H02J3/38（区块链技术应用在"由两个或两个以上发电机、变换器或变压器对 1 个网络并联馈电的装置"）的专利申请起步于 2001，相对于其他细分技术分支的起步较早，而且，自 2010 年开始至今呈现出持续增长的态势。

专利申请总量位于第二的 H04L29/06（区块链技术应用在"以协议为特征的"）的专利申请起步于 2002 年，自 2010 年至今也呈现出持续增长的态势，但是，专利申请的增长速度较 H02J3/38 略低。

专利申请量位于第三的 H02J3/00（区块链技术应用在"交流干线或交流配电网络的电路装置"）的专利申请起步于 2001 年，与专利申请总量位于第一的 H02J3/38 以及专利申请总量位于第二的 H04L29/06 的起步基本相当。然而自 2011 至今，专利申请呈现出平稳增长的态势。

专利申请总量位于第四的 H02J3/00（区块链技术应用在"交流干线或交流配电网络的电路装置"）的专利申请起步于 2001 年，自 2010 至今呈现出平稳增长的态势。

专利申请总量排名第五的 G06Q50/06（区块链技术应用在"电力、天然气或水供应"）的专利申请起步于 2001 年，自 2012 至今呈现出平稳增长的态势。

对比不同 IPC 对应的年度专利申请量的变化，以洞察不同细分技术分支的发展差异，可知：

专利申请总量排名前二的 H02J3/38 和 H04L29/06 在增长周期内的增长速度较排名第三至第五的 H02J3/00、H02J13/00、G06Q50/06 的增长速度高，可以预估未来在 H02J3/38 和 H04L29/06 细分技术分支的专利申请会呈现出持续增长的趋势。

如图 6-9 所示，从专利申请总量看各细分技术分支的差异：

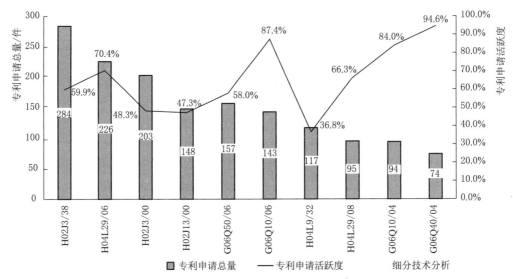

图 6-9　细分技术分支的专利申请总量及活跃度分布图

居于排行榜上的细分技术分支的专利申请总量大体可以划分为三个梯队。分别是专利申请总量超过 200 件的第一梯队，专利申请总量处于 100 至 200 之间的第二梯队，以及专利申请总量不足 100 的第三梯队。

处于第一梯队的细分技术分支的数量为 3 个，具体涉及 H02J3/38（区块链技术应用在"由两个或两个以上发电机、变换器或变压器对 1 个网络并联馈电的装置"）、H04L29/06（区块链技术应用在"以协议为特征的"）、H02J3/00（区块链技术应用在"交流干线或交流配电网络的电路装置"）。

处于第二梯队的细分技术分支的数量为 4 个，具体涉及 H02J13/00（区块链技术应用在"对网络情况提供远距离指示的电路装置，对配电网络中的开关装置进行远距离控制的电路装置"）、G06Q50/06（区块链技术应用在"电力、天然气或水供应"）、G06Q10/06（区块链技术应用在"源、工作流、人员或项目管理，例如组织、规划、调度或分配时间、人员或机器资源；企业规划；组织模型"）、H04L9/32（区块链技术应用在"包括用于检验系统用户的身份或凭据的装置"）、G06Q50/06（区块链技术应用在"电力、天然气或水供应"）。

处于第三梯队的细分技术分支的数量为 3 个，具体涉及 H04L29/08（区块链技术应用在"传输控制规程，例如数据链级控制规程"）、G06Q10/04（区块链技术应用在"预测或优化，例如线性规划、旅行商问题或下料问题"）和 G06Q40/04（区块链技术应用在"交易，例如，股票、商品、金融衍生工具或货币兑换"）。

从专利申请活跃度看各细分技术分支的差异：

处于第一梯队的细分技术分支处于第二梯队的细分技术分支、处于第三梯队的细分技术分支的专利申请活跃度均值分别是 59.5%、57.4% 和 81.7%。也就是说，专利申请总量处于第三梯队的细分技术分支的专利申请活跃度最高，专利申请总量处于第一梯队的细分技术分支的专利申请活跃度次之，专利申请总量处于第二梯队的细分技术分支的专利申请活跃度最低。

从以上数据可以看出，区块链技术应用在"由两个或两个以上发电机、变换器或变压器对 1 个网络并联馈电的装置"中是当前的布局热点，即在上述细分技术分支的创新集中度较高，相对于其他细分技术分支的当前创新活跃度较低。

6.3.3 中国专利分析

本节重点从总体情况、申请人、技术主题、专利质量和专利运用五个维度开展分析。

通过总体情况分析洞察区块链技术在中国已申请专利的整体情况以及当前的专利申请活跃度，以重点揭示全球申请人在中国的创新集中度和创新活跃度。

通过申请人分析洞察区块链技术的专利主要持有者，主要持有者的专利申请总量，以及在专利申请总量上占有优势的申请人的当前专利申请活跃度情况，以从申请人的维度揭示创新集中度和创新活跃度。

通过技术主题分析洞察区块链技术的技术布局热点和热点技术的专利申请活跃度，以从技术的维度揭示创新集中度和创新活跃度。

通过专利质量分析洞察创新价值度，并进一步通过高质量专利的优势申请人分析以洞察高质量专利的主要持有者，通过专利运营分析洞察创新开放度。

6.3.3.1 总体情况分析

以电力信通领域区块链技术为检索边界，获取在中国申请的专利数据，如图 6-10 所示，总体情况分析涉及总体（包括发明和实用新型）申请趋势、发明专利的申请趋势和实用新型专利的申请趋势。

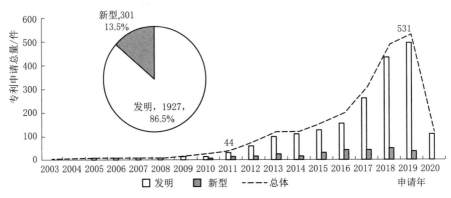

图 6-10　中国专利申请总体趋势图

如图 6-10 所示，近 20 年，电力信通领域区块链技术领域全球市场主体在中国的专利申请总量 2228 件。

从专利申请趋势看，总体上可以划分为三个阶段，分别是萌芽期（1993—2009 年）、缓慢增长期（2009—2013 年）和快速增长期（2013 年至今）。自 2013 年之后，专利申请快速明显上升。在上述三个阶段，均以发明专利申请为主，实用新型专利年度申请数量少且增长速度慢。虽然自 2019 年至今呈现出趋于平稳后的下降态势，但是该现象是由专利申请后的公开滞后性导致为一种假性态势。

从专利申请类型来看，中国电力信息通信区块链技术的专利申请主要以发明专利为主，发明专利 1927 件，占中国总申请量的 86.5%；实用新型专利 301 件，占中国总申请量的 13.5%。

可以采用中国专利申请活跃度表征中国在区块链技术领域的创新活跃度，从以上数据可以看出，当前中国在区块链技术领域的创新活跃度较高。

6.3.3.2　申请人分析

1. 申请人综合分析

如图 6-11 所示，从专利申请总量看，国家电网有限公司居于榜首，专利申请总量为 612 件。中国电力科学研究院有限公司居于第二名，专利申请总量为 173 件，与位于榜首的国家电网有限公司差距较大。国网江苏省电力有限公司位于第三名，专利申请总量为 73 件，与位于第二名的中国电力科学研究院有限公司差距较小。

从活跃度角度来看，居于排行榜上的申请人的专利申请活跃度的均值为 79%。专利申请活跃度高于均值的申请人包括国网电子商务有限公司（100.0%）、国网信息通信产业集团有限公司（96.2%）、南方电网科学研究院有限责任公司（89.6%）、中国南方电网有限责任公司（89.4%）、南瑞集团有限公司（79.7%）和国网浙江省电力有限公司（78.6%）。专利申请活跃度低于均值的申请人包括国网上海市电力公司（77.4%）、国家电网有限公司（65.2%）、中国电力科学研究院有限公司（57.2%）和国网江苏省电力有

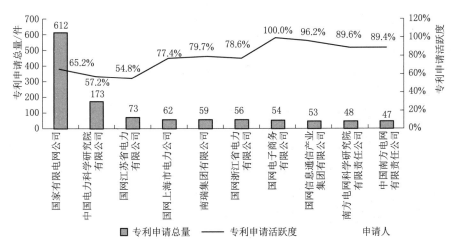

图 6-11 中国专利的申请人申请量及申请活跃度分布图

限公司（54.8%）。

在申请人属性方面，10个申请人均属于供电企业和电力科研院。

可以采用居于排行榜上的申请人的专利申请总量，从申请人（创新主体）的维度揭示创新集中度，采用居于排行榜上的申请人近五年的专利申请活跃度揭示申请人的当前创新活跃度。整体上看，区块链技术在供电企业和电力科研院集中度相对于其他属性的申请人的集中度高，供电企业和电力科研院整体的创新活跃度也相对较高。

2. 国外申请人分析

整体上看，在中国进行专利申请（布局）的国外申请人的数量较少，而且，在中国已进行专利申请的国外申请人的专利申请数量较少。

如图6-12所示，从国外申请人所属国别看，5个国外申请人来自于日本（索尼公

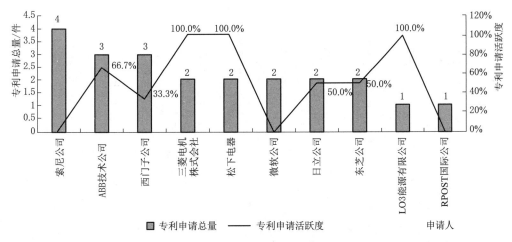

图 6-12 国外申请人在中国的专利申请量及申请活跃度分布图

司、三菱电机株式会社、松下电器、日立公司、东芝公司），3个国外申请人来自于美国

（微软公司、LO3 能源有限公司和 RPOST 国际公司），1 个国外申请人来自于瑞士（ABB 技术公司），1 个国外申请人来自于德国（西门子公司）。

索尼公司以 4 件的专利申请总量居于榜首，ABB 技术公司和西门子公司均以 3 件的专利申请总量居于第二名，三菱电机株式会社、松下电器、微软公司、日立公司、东芝公司以 2 件的专利申请总量居于第三名。

从活跃度来看，居于排行榜上的国外申请人的专利申请活跃度的均值为 50%。专利申请活跃度高于均值的申请人包括三菱电机株式会社（100.0%）、松下电器（100.0%）、LO3 能源有限公司（100.0%）、ABB 技术公司（66.7%）、日立公司（50.0%）和东芝公司（50.0%）。专利申请活跃度低于均值的申请人包括西门子公司（33.3%）、索尼公司（0%）、微软公司（0%）和 RPOST 国际公司（0%）。

可以采用居于排行榜上的国外申请人的中国专利申请总量揭示创新集中度，采用居于排行榜上的国外申请人的专利申请活跃度揭示申请人的当前创新活跃度。整体上看，国外申请人在中国的创新集中度以及创新活跃度相对于中国本土申请人在中国的专利集中度和创新活跃度均较低。

3. 供电企业分析

如图 6-13 所示，从专利申请总量看，国家电网有限公司以 612 件的专利申请总量居于榜首，国网江苏省电力有限公司以 73 件的专利申请总量居于第二名，国网上海市电力公司以 62 件的专利申请总量居于第三名。可见，国家电网有限公司的专利申请总量遥遥领先于其他供电企业，其他供电企业的专利申请总量虽有差距，但是差距较小。

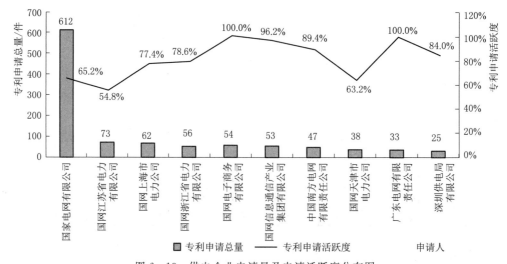

图 6-13　供电企业申请量及申请活跃度分布图

从申请活跃度看，居于排行榜上的供电企业的专利申请活跃度的均值为 77.9%。其中，专利申请活跃度高于均值的申请人包括国网电子商务有限公司（100.0%）、国网信息通信产业集团有限公司（96.2%）、中国南方电网有限责任公司（89.4%）、广东电网有限责任公司（100.0%）、深圳市供电局有限公司（84.0%）和国网浙江省电力有限公司（78.6%）。专利申请活跃度低于均值的申请人包括国网上海市电力公司（77.4%）、国家电网有限公司

（65.2%）、国网天津市电力公司（63.2%）和国网江苏省电力有限公司（54.8%）。

可以采用居于排行榜上的供电企业的专利申请总量，从申请人（创新主体）的维度揭示创新集中度，采用居于排行榜上的供电企业的专利申请活跃度揭示供电企业的当前创新活跃度。整体上看，供电企业的创新集中度和创新活跃度相对较高。

4. 非供电企业分析

如图 6-14 所示，整体上看，非供电企业持有的中国专利申请总量较供电企业持有的专利申请总量较少。居于排行榜上的每一个非供电企业持有的专利申请总量均不足百件。

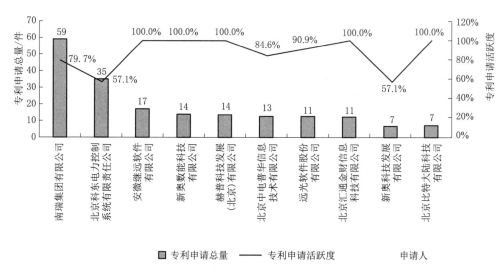

图 6-14　非供电企业申请量及申请活跃度分布图

从专利申请总量看，南瑞集团有限公司以 59 件的专利申请总量居于榜首，北京科东电力控制系统有限责任公司以 35 件的专利申请总量居于第二名，安徽继远软件有限公司以 17 件的专利申请总量居于第三名。

从申请活跃度看，居于排行榜上的非供电企业的专利申请活跃度的均值为 86.9%，较居于排行榜上的供电企业的专利申请活跃度（77.9%）高 9 个百分点。其中，专利申请活跃度高于均值的申请人包括安徽继远软件有限公司（100.0%）、新奥数能科技有限公司（100.0%）、赫普科技发展（北京）有限公司（100.0%）、北京汇通金财信息科技有限公司（100.0%）、北京比特大陆科技有限公司（100.0%）和远光软件股份有限公司（90.9%）。专利申请活跃度低于均值的申请人包括南瑞集团有限公司（79.7%）、北京中电普华信息技术有限公司（84.6%）、北京科东电力控制系统有限责任公司（57.1%）和新奥科技发展有限公司（57.1%）。

可以采用居于排行榜上的非供电企业的专利申请总量，从申请人（创新主体）的维度揭示创新集中度，采用专利申请活跃度揭示创新活跃度。整体上看，非供电企业的创新集中度相对于供电企业创新集中度低且创新活跃度高。

5. 电力科研院分析

如图 6-15 所示，整体上看，居于排行榜上的电力科研院持有的专利申请量的均值为 36 件。电力科研院持有的专利申请总量较供电企业持有的专利申请总量少，较非供电企业持有的专利申请总量多。中国电力科学研究院有限公司以 173 件的专利申请总量居于榜首，南方电网科学研究院有限责任公司以 48 件的专利申请总量居于第二名，与居于榜首的中国电力科学研究院有限公司差距较大，全球能源互联网研究院以 27 件的专利申请总量居于第三名，与居于第二名的南方电网科学研究院有限责任公司差距不大。

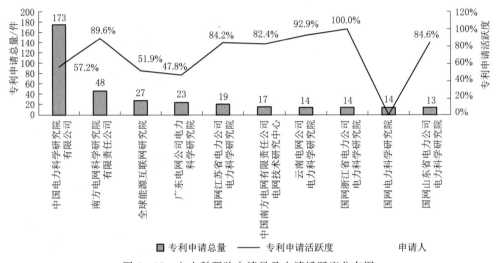

图 6-15 电力科研院申请量及申请活跃度分布图

从申请活跃度看，居于排行榜上的电力科研院的专利申请活跃度的均值为 69%，较居于排行榜上的供电企业的专利申请活跃度（78%）低 10 个百分点。较居于排行榜上的非供电企业的专利申请活跃度（89%）低 20 个百分点。专利申请活跃度高于均值（69%）的申请人包括国网浙江省电力公司电力科学研究院（100.0%）、云南电网公司电力科学研究院（92.9%）、南方电网科学研究院有限责任公司（89.6%）、国网山东省电力公司电力科学研究院（84.6%）、国网江苏省电力公司电力科学研究院（84.2%）和中国南方电网有限责任公司电网技术研究中心（82.4%）。专利申请活跃度低于均值（69%）的申请人包括中国电力科学研究院有限公司（57.2%）、全球能源互联网研究院（51.9%）、广东电网公司电力科学研究院（47.8%）和国网电力科学研究院（0.0%）。

可以采用居于排行榜上的非供电企业的专利申请总量，从申请人（创新主体）的维度揭示创新集中度，采用居于排行榜上的非供电企业的专利申请活跃度揭示非供电企业的当前创新活跃度。从以上的数据可以看出，电力科研院的创新集中度较供电企业低，较非供电企业高。电力科研院的创新活跃度较供电企业和非供电企业均低。

6. 高等院校分析

如图 6-16 所示，整体上看，居于排行榜上的高等院校持有的专利申请均值为 17 件左右。高等院校持有的专利申请总量较供电企业和电力科研院持有的专利申请总量少。但是，较非供电企业申请人持有的专利申请总量多。华北电力大学以40件的专利申请总量居于榜首，上海交通大学以26件的专利申请总量居于第二名，清华大学以20件的专利申请总量居于第三名。

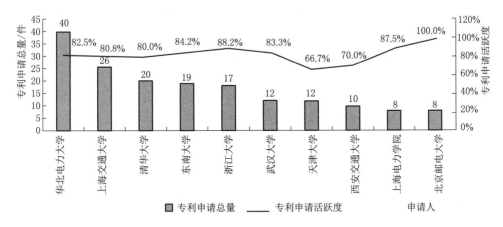

图6-16 高等院校申请量及申请活跃度分布图

从申请活跃度看，居于排行榜上的高等院校的专利申请活跃度的均值为82.3%，较居于排行榜上的供电企业的专利申请活跃度（78%）高4.3个百分点，较居于排行榜上的非供电企业的专利申请活跃度（89%）低6.7个百分点。较居于排行榜上的电力科研院的专利申请活跃度（69%）高13.3个百分点。其中，专利申请活跃度高于均值的申请人包括北京邮电大学（100.0%）、浙江大学（88.2%）、上海电力学院（87.5%）、东南大学（84.2%）、武汉大学（83.3%）和华北电力大学（82.5%）。专利申请活跃度低于均值的申请人包括上海交通大学（80.8%）、清华大学（80.0%）、西安交通大学（70.0%）和天津大学（66.7%）。

可以采用居于排行榜上的高等院校的专利申请总量，从申请人（创新主体）的维度揭示创新集中度，采用居于排行榜上的高等院校的专利申请活跃度揭示申请人的当前创新活跃度。整体上看，高等院校的创新集中度相对于供电企业、电力科研院的创新集中度较低，高等院校的创新集中度相对于非供电企业的创新集中度高。高等院校的创新活跃度较非供电企业低，但是较供电企业和电力科研院高。

6.3.3.3 技术主题分析

1. 技术分支分析

采用国际分类号IPC（聚焦至小组）表征区块链技术的细分技术分支。首先，从专利申请总量排名前10的细分技术分支近20年的专利申请态势，洞察未来专利申请的趋势；其次，从各细分技术分支对应的专利申请总量和专利申请活跃度两个维度，对比不同细分技术分支之间的差异。

如图6-17及表6-7所示，从时间轴（横向）看各细分技术分支的专利申请变化可知：

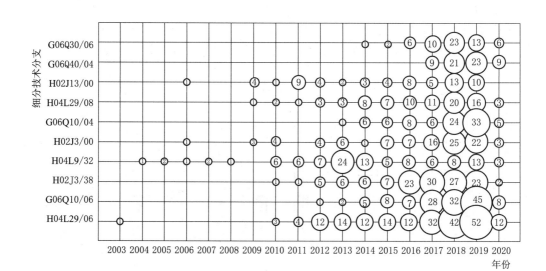

图 6-17　细分技术分支的专利申请趋势图

表 6-7　　　　　　　　　　　　IPC 含义及专利申请量

IPC	含　义	专利申请量
H04L29/06	以协议为特征	207
G06Q10/06	资源、工作流、人员或项目管理，例如组织、规划、调度或分配时间、人员或机器资源；企业规划；组织模型	136
H02J3/38	由两个或两个以上发电机、变换器或变压器对 1 个网络并联馈电的装置	131
H04L9/32	包括用于检验系统用户的身份或凭据的装置	106
H02J3/00	交流干线或交流配电网络的电路装置	99
G06Q10/04	预测或优化，例如线性规划、旅行商问题或下料问题	89
H04L29/08	传输控制规程，例如数据链级控制规程	85
H02J13/00	对网络情况提供远距离指示的电路装置，例如网络中每个电路保护器的开合情况的瞬时记录；对配电网络中的开关装置进行远距离控制的电路装置，例如用网络传送的脉冲编码信号接入或断开电流用户	64
G06Q40/04	交易，例如，股票、商品、金融衍生工具或货币兑换	62
G06Q30/06	购买、出售或租赁交易	61

　　每一细分技术分支的专利申请量随着时间的推移均呈现出增长的态势。专利申请总量位于榜首的 H04L29/06（区块链技术应用在"以协议为特征"）的专利申请起步于 2003年，自 2010 年开始至 2016 年呈现出平稳的增长态势，自 2016 年至今呈现出快速增长的态势。

　　专利申请总量位于第二的 G06Q10/06（区块链技术应用在"资源、工作流、人员或项目管理，例如组织、规划、调度或分配时间、人员或机器资源；企业规划；组织模型"）的专利申请也是起步于 2012 年，自 2012 年开始至 2016 年呈现出平稳的增长态势，自 2016 年至今呈现出快速增长的态势。

专利申请量位于第三的 H02J3/38（区块链技术应用在"由两个或两个以上发电机、变换器或变压器对 1 个网络并联馈电的装置"）的专利申请起步于 2010 年，自 2010 年开始至 2015 年呈现出平稳的增长态势，自 2015 年至今呈现出快速增长的态势。

专利申请总量位于第四的 H04L9/32（区块链技术应用在"包括用于检验系统用户的身份或凭据的装置"）的专利申请起步于 2004 年，自 2004 年至 2012 年每年仅有零星的专利申请，2013 年当年的专利申请总量达到了峰值（24 件），2013 年之后又呈现出下降后趋于平稳的态势。

专利申请总量排名第五的 H02J3/00（区块链技术应用在"交流干线或交流配电网络的电路装置"）的专利申请起步于 2006 年，自 2004～2016 年，间断性的有零星的专利申请，自 2016 年至今呈现出平稳增长的态势。

对比不同 IPC 对应的年度专利申请量的变化，以洞察不同细分技术分支的发展差异，可知：

专利申请总量排名前二的 H04L29/06 和 G06Q10/06 在增长周期内的增长速度较排名第三至第五的 H02J3/38、H04L9/32、H02J3/00 的增长速度高，可以预估未来在 H04L29/06 和 G06Q10/06 细分技术分支的专利申请会呈现出持续增长的趋势。

从图 6-18 专利申请总量看各细分技术分支的差异：

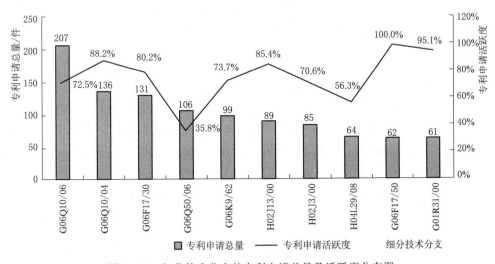

图 6-18　细分技术分支的专利申请总量及活跃度分布图

居于排行榜上的细分技术分支的专利申请总量大体可以划分为三个梯队。分别是专利申请量超过 200 件的第一梯队，专利申请总量处于 100～200 之间的第二梯队，以及专利申请总量不足 100 的第三梯队。

处于第一梯队的细分技术分支的数量为 1 个，具体涉及 H04L29/06（区块链技术应用在"以协议为特征")。

处于第二梯队的细分技术分支的数量为 3 个，具体涉及 G06Q10/06（区块链技术应用在"资源、工作流、人员或项目管理，例如组织、规划、调度或分配时间、人员或机器资源；企业规划；组织模型"）、H02J3/38（区块链技术应用在"由两个或两个以上发电机、变换器或变压器对 1 个网络并联馈电的装置"）和 H04L9/32（区块链技术应用在"包括用于检验系统用户的身份或凭据的装置"）。

处于第三梯队的细分技术分支的数量为 6 个，具体涉及 H02J3/00（区块链技术应用在"交流干线或交流配电网络的电路装置"）、G06Q10/04（区块链技术应用在"预测或优化，例如线性规划、旅行商问题或下料问题"）、H04L29/08（区块链技术应用在"传输控制规程，例如数据链级控制规程"）、H02J13/00（区块链技术应用在"对网络情况提供远距离指示的电路装置，以及对配电网络中的开关装置进行远距离控制的电路装置"）、G06Q40/04（区块链技术应用在"交易，例如，股票、商品、金融衍生工具或货币兑换"）、G06Q30/06（区块链技术应用在"探测电缆、传输线或网络中的故障"）、H02J3/38（区块链技术应用在"购买、出售或租赁交易"）。

从专利申请活跃度看各细分技术分支的差异：

如图 6-18 所示，处于第一梯队的细分技术分支处于第二梯队的细分技术分支、处于第三梯队的细分技术分支的专利申请活跃度均值分别是 72.5%、68.1% 和 80.2%。也就是说，专利申请总量处于第三梯队的细分技术分支的专利申请活跃度最高，专利申请总量处于第一梯队的细分技术分支的专利申请活跃度次之，专利申请总量处于第二梯队的细分技术分支的专利申请活跃度最低。

从以上数据可以看出，区块链技术应用在"以协议为特征"中是当前的布局热点，即在上述细分技术分支的创新集中度较高，但相对于其他细分技术分支的当前创新活跃度略低。

2. 区块链技术关键词云分析

如图 6-19 所示，对区块链技术近 5 年（2015—2020 年）的高频关键词进行分析，可以发现分布式能源、区块链、电力交易、智能合约等是核心的关键词。在电力行业涉及区块链技术的主要应用载体为新能源、配电网、变电站、电能表等电力设备。区块链技术涉及的主要性能指标包括可靠性、真实性、完整性、准确性、灵活性等。区块链、智能合约、分布式均为区块链技术的关键要素，而与之对应的电网要素则为分布式电源、电力交易、电能表、管理系统等。电网及分布式能源天然具有分布式多节点特性，结合区块链的安全可靠特性，可以实现电力交易的智能化并确保及交易安全性，准确完整灵活的确保交易安全可靠。

如图 6-20 所示，进一步对出现频率较低的长词术语进行分析，可以发现最重要的关键词是分布式能源、电力市场交易及能源互联网，同时也出现了多种其他类型传感器与交易相关的软硬件系统。上述关键词表明，在电力行业的区块链应用中，以分布式能源电力交易为主要应用场景，借助传感器数据尤其是智能电能表，基于服务器、分布式计算、信息管理系统、决策支持系统等可以实现能源互联网，特别的是实现基于区块链技术的电力市场交易。

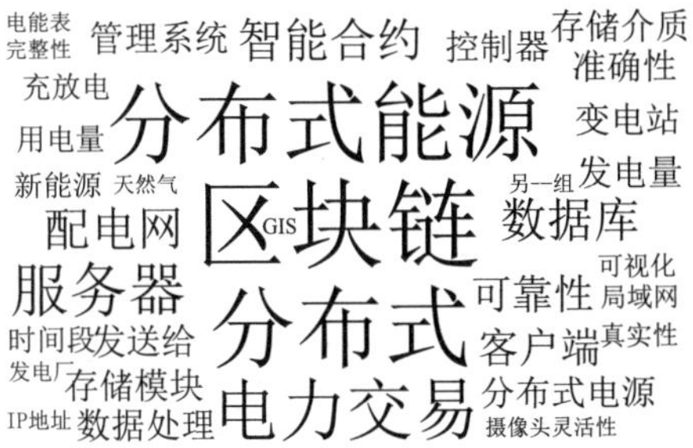

图 6-19 区块链技术近 5 年
（2015—2020 年）高频关键词词云图

图 6-20 区块链技术近 5 年
（2015—2020 年）低频长词术语词云图

6.3.3.4 专利质量分析

高质量专利是企业重要的战略性无形资产，是企业创新成果价值的重要载体，通常围绕某一特定技术形成彼此联系、相互配套的技术经过申请获得授权的专利集合。高质量专利应当在空间布局、技术布局、时间布局或地域布局等多个维度有所体现。

采用用于评价专利质量的综合指标体系评价专利质量，该综合指标体系从技术价值、法律价值、市场价值、战略价值和经济价值五个维度对专利进行综合评价，获得每一专利的综合评价分值，以星级表示专利的质量高低。其中，5 星级代表质量最高，1 星级代表质量最低，将 4 星级及以上定义为高质量的专利，将 1 星至 2.5 星的专利定义为低质量专利。

通过专利质量分析，企业可以在了解整个行业技术环境、竞争对手信息、专利热点、专利价值分布等信息的基础上，一方面识别竞争对手的重要专利布局，发现战略机遇，识别专利风险，另一方面也可以结合自身的经营战略和诉求，更高效地进行专利规划和布局，积累高质量的专利组合资产，提升企业的核心竞争力。

如图 6-21 所示，区块链技术专利质量表现一般。高质量专利（4 星及以上的专利）占比为 9.7%，而且上述 9.7% 的高质量专利中，5 星级专利仅占 0.9%。如果将 1 星至 2.5 星的专利定义为低质量专利，80% 的专利为低质量专利。

可以采用专利质量表征中国在区块链技术领域的创新价值度，从以上数据可以看出，当前中国在区块链技术领域的创新价值度不高。

如图 6-22 所示，进一步地，对上述 9.7% 的高质量专利的申请人进行分析，结果如下：

国家电网有限公司持有的高质量专利数量较多，其拥有的高质量专利数量遥遥领先于同领域的其他创新主体，达到 66 件。

从创新主体的类型看，高质量专利主要分布在供电企业、电力科研院和高等院校，典型的供电企业和电力科研院包括国家电网有限公司、中国电力科学研究院有限公司和国网江苏省电力有限公司。除了供电企业，还包括如华北电力大学，无非供电企业上榜。中国在区块链技术领域的创新价值度不高的大环境下，供电企业、电力科研院和高等院校的创新价值度较高。

6.3.3.5 专利运营分析

专利运营分析的目的是洞察该领域的申请人对专利显性价值（显性价值即为市场主

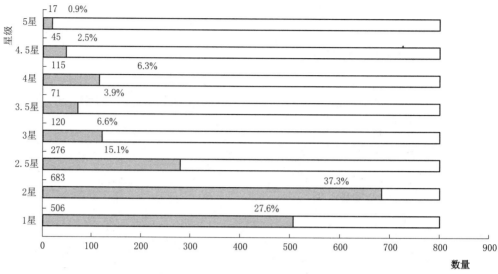

图 6-21 区块链授权专利质量分布图

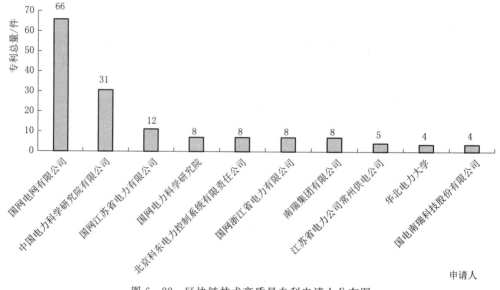

图 6-22 区块链技术高质量专利申请人分布图

体利用专利实际获得的现金流）的实现路径，以及不同的显性价值实现路径下，优势申请人和不同类型的申请人选择的路径的区别等。通过上述分析，为电力通信领域申请人在专利运营方面提供借鉴。

通过初步分析发现，专利转让是申请人最为热衷的专利价值实现路径，申请人对专利许可和专利质押路径的热衷度基本一致。

通过初步分析还发现，居于专利转让排行榜上的申请人主要为供电企业、电力科研院和非供电企业。

6.3.3.6 专利转让分析

如图 6-23 所示，供电企业是实施专利转让路径的主要市场主体。按照专利转让数量由高至低对供电企业进行排名，发现排名前 10 的市场主体中主要为供电企业、电力科研院和高等院校。

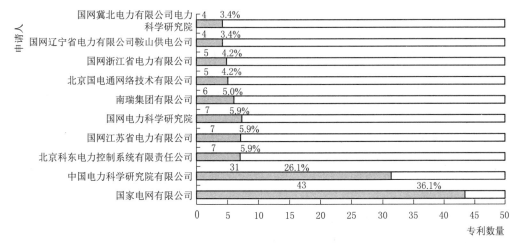

图 6-23 专利转让市场主体排行

供电企业中，国家电网有限公司的专利转让数量达 43 件，居于榜首。中国电力科学研究院有限公司的专利转让数量为 31 件，略低于国家电网有限公司。位于中国电力科学研究院有限公司之后的其他供电企业和电力科研院的专利转让的数量与中国电力科学研究院有限公司的专利转让数量相比，差距较大，均不足 10 件。

可以采用专利转让表征中国在区块链技术领域的创新开放度，从以上数据可以看出，目前中国在区块链技术领域的创新开放度较低。

6.3.4 主要结论

6.3.4.1 基于近两年对比分析的结论

在全球范围内看整体变化，2019 年的专利公开量增长率相对于 2018 年的专利公开量增长率增长了 31 个百分点。

近两年，各个国家/地区的专利公开量的增长率变化表现不同。2019 年相对于 2018 年的专利公开量增长率升高的国家/地区包括美国、日本、中国、EP、WO 和瑞士。2019 年相对于 2018 年的专利公开量增长率无变化或降低的国家/地区包括德国、英国和法国。整体上讲，在全球范围内，2019 年的创新活跃度较 2018 年的创新活跃度高。

2019 年居于排行榜上的供电企业和电力科研院的数量较 2018 年增加了 4 个。而且，具体的供电企业和电力科研院的排名有所变化。

2019 年居于排行榜的新增技术点包括 G06Q10/04（区块链技术应用在"交易，例如，股票、商品、金融衍生工具或货币兑换"）和 G06Q30/06（区块链技术应用在"购买、出售或租赁交易"）。2019 年相对于 2018 年的创新集中度整体上变化不大，局部有所调整。

6.3.4.2 基于全球专利分析的结论

在七国两组织范围内，电力信通领域区块链技术已经累计申请了 3864 件专利。

从近 20 年的申请趋势看，经历了萌芽期、缓慢增长期，当前处在快速增长期。但是，当前除中国外的其他国家/地区的专利申请的增长速度放缓，而中国的专利申请的增长速度较高。中国是提高七国两组织的专利申请总量的主要贡献国。目前，全球市场主体在区块链技术领域的创新活跃度较高。

从地域布局看，在中国的专利申请总量占据在七国两组织专利申请总量的 57.6%。在美国和日本的专利申请总量次之，但是，在美国和日本的专利申请总量相对于在中国的专利申请总量差距较大。也就是说，当前，中国是区块链技术的"布局红海"，美国和日本次之，法国、英国和瑞士是区块链技术的"布局蓝海"。2009 年之后，在中国的专利申请增速显著的情况下，在中国的创新集中度较高，在美国和日本的创新集中度基本相当，与在中国的创新集中度差距较大。

由于在中国的专利申请总量占据在七国两组织的专利申请总量的 57.6%，因此，居于排行榜上的申请人均为中国申请人，而且专利申请活跃度较高，即中国专利申请人的创新活跃度相对较高。

排除中国申请人，看国外申请人的专利申请总量和专利申请活跃度发现，德国申请人的创新集中度最高、创新活跃度相对较低（低于美国申请人）。美国申请人的创新活跃度最高，但是创新集中度相对较低。日本申请人的创新集中度相对较高（仅次于德国申请人），但是创新活跃度较低。

从时间轴看居于排行榜上的细分技术分支的专利申请变化，居于排行榜上的细分技术分支的专利申请量随着时间的推移均呈现出增长的态势。而且，专利申请总量排名第一的细分技术分支（区块链技术应用在"由两个或两个以上发电机、变换器或变压器对 1 个网络并联馈电的装置"）和排名第二的细分技术分支（区块链技术应用在"以协议为特征的"）在增长周期内的增长速度均较高。

区块链技术应用在"由两个或两个以上发电机、变换器或变压器对 1 个网络并联馈电的装置"中，是专利申请的热点，但是，近几年的专利申请活跃度相对较低。区块链技术在热点细分技术分支的创新集中度较高。但是，相对于其他细分技术分支的专利申请活跃度较低。

6.3.4.3 基于中国专利分析的结论

在中国范围内，电力信通领域区块链技术已经累计申请了 2228 件专利。从近 20 年的申请趋势看，经历了萌芽期、缓慢增长期，当前处在快速增长期。也就是说，当前中国在区块链技术领域的创新活跃度表现突出。

居于排行榜上的申请人有 9 成属于供电企业和电力科研院。其中，供电企业以 612 件的专利申请总量居于榜首，但是近五年的专利申请活跃度相对较低。国网电子商务有限公司的专利申请总量虽然排在第 7 位，但是近五年的专利申请活跃度最高，为 100%。区块链技术在供电企业和电力科研院的集中度相对于其他申请人的集中度高。而且，供电企业和电力科研院整体的创新活跃度也相对较高。

从国外申请人看，5 个国外申请人来自于日本，3 个国外申请人来自于美国，1 个国外申请人来自于德国，1 个国外申请人来自于瑞士。虽然，已有包括美国、瑞士、日本和德国等申请人在中国已申请了专利，但是，在中国的专利申请数量相对较少，均不足 10 件。居于排行榜上的国外申请人的专利申请活跃度的均值为 50%。也就是说，国外申请人在中国的创新集中度和创新活跃度相对于中国本土申请人在中国的创新集中度和创新活跃度均低。

在供电企业方面，从专利申请总量看，国家电网有限公司以612件的专利申请总量居于榜首。国网江苏省电力有限公司以73件的专利申请总量居于第二名。国网上海市电力公司以62件的专利申请总量居于第三名。可见，国家电网有限公司的专利申请总量遥遥领先于其他供电企业。而且其他供电企业的专利申请总量虽有差距，但是差距较小。居于排行榜上的供电企业的专利申请活跃度的均值为77.9％。供电企业在中国的创新集中度较高，而且创新活跃度也较高。

在非供电企业方面，非供电企业持有的专利申请总量与供电企业持有的专利申请总量相比较少。居于排行榜上的每一个非供电企业持有的专利申请总量均不足40件。居于排行榜上的非供电企业的专利申请活跃度的均值为89％，较居于排行榜上的供电企业的专利申请活跃度（77.9％）高了近13个百分点。非供电企业在中国的创新集中度相对于供电企业在中国的创新集中度低，但是较供电企业的创新活跃度高。

在电力科研院方面，电力科研院持有的专利申请总量较供电企业持有的专利申请总量少，较非供电企业持有的专利申请总量多。居于排行榜上的电力科研院申请人持有的专利申请量的均值为36件。居于排行榜上的电力科研院的专利申请活跃度的均值为69％。较居于排行榜上的供电企业（77.9％）和非供电企业（89％）的专利申请活跃度低。也就是说，电力科研院在中国的创新集中度较供电企业低，较非供电企业高。电力科研院近五年在区块链技术领域的创新活跃度较供电企业和非供电企业低。

在高等院校方面，整体上看，居于排行榜上的高等院校持有的专利申请均值为17件左右，较供电企业和电力科研院持有的专利申请总量少，但是，较非供电企业申请人持有的专利申请总量多。居于排行榜上的高等院校的专利申请活跃度的均值为82.3％。较居于排行榜上的供电企业的专利申请活跃度（78％）高4.4个百分点，较居于排行榜上的非供电企业的专利申请活跃度（89％）低6.7个百分点，较居于排行榜上的电力科研院的专利申请活跃度（69％）高13.3个百分点。也就是说，高等院校在中国的创新集中度相对于供电企业、电力科研院在中国的创新集中度较低，相对于非供电企业在中国的创新集中度高。高等院校的创新活跃度较非供电企业低，但是较供电企业和电力科研院高。

在中国范围内，从时间轴看居于排行榜上的细分技术分支的专利申请变化，居于排行榜上的细分技术分支的专利申请量随着时间的推移均呈现出增长的态势。而且，专利申请总量排名第一的细分技术分支（区块链技术应用在"以协议为特征的"）和排名第二的细分技术分支（区块链技术应用在"资源、工作流、人员或项目管理，例如组织、规划、调度或分配时间、人员或机器资源；企业规划；组织模型"）在增长周期内的增长速度均较高。

"区块链技术应用在"以协议为特征的"中，是当前专利申请的热点，但是，近几年的专利申请活跃度相对较低。区块链技术在热点细分技术分支的创新集中度较高。但是，相对于其他细分技术分支的专利申请活跃度较低。

从专利质量看，高质量专利占比仅为9.7％。持有高质量专利的申请人主要是供电企业、电力科研院和高等院校。而且基本与专利拥有量呈正比。也就是说，高质量专利持有者前三甲在专利申请总量排行榜中也位于前三名，分别是国家供电企业公司、中国电力科学研究院有限公司和国网江苏省电力有限公司。当前中国在区块链技术领域的创新价值度不高。

从专利运营来看，专利转让是申请人最为热衷的专利价值实现路径，申请人对专利许可和专利质押路径的热衷度不高，专利许可和专利质押的专利数量分布在 1~2 件。供电企业、电力科研院和非供电企业是实施专利转让路径的主要市场主体。中国在区块链技术领域的创新开放度整体较低的大环境下，供电企业、电力科研院和非供电企业的创新开放度相对较高。

第 7 章
新技术产品及应用解决方案

7.1 创新技术产品

7.1.1 跨链产品 BitXHub

7.1.1.1 产品介绍

当前区块链底层技术平台百花齐放，但主流区块链平台中的每条链大多仍是一个独立的、垂直的封闭体系。在业务形式日益复杂的商业应用场景下，链与链之间缺乏统一的互联互通机制，这极大限制了区块链技术和应用生态的健康发展，由此产生了跨链需求。

跨链指的是通过连接相对独立的区块链系统，实现账本的跨链互操作。跨链交互依据其交互内容的不同可以大体分为资产交换和信息交换。在资产交换方面，一些区块链事实上仍处于互相隔离的状态，它们之间的资产交换主要依靠中心化的交易所来完成，中心化的交换方式既不安全规则也不透明。而信息交换由于涉及链与链之间的数据同步和相应的跨链调用，实现更为复杂，目前各个区块链应用之间互通壁垒极高，无法有效地进行链上信息共享。

BitXHub 是基于链间互操作的需求提出的一种通用的链间消息传输协议，并基于该协议实现了同时支持同构及异构区块链间交易的跨链技术示范平台，允许异构的资产交换、信息互通及服务互补。BitXHub 平台由中继链、应用链以及跨链网关三种角色构成，具有通用跨链传输协议、异构交易验证引擎、多层级路由三大核心功能特性，保证跨链交易的安全性、灵活性与可靠性。BitXHub 致力于构建一个高可扩展、强鲁棒性、易升级的区块链跨链示范平台，为区块链互联网络的形成与价值孤岛的互通提供可靠的底层技术支撑。

BitXHub 跨链核心技术已经过多家厂商验证，具有成熟落地经验，同时具有多中心化、通用化、可扩展、易运维的特点，可在以下方面给电力企业带来明显的价值提升：

（1）电力领域存证类应用，能极大降低证书费用成本，又能以数据形式长期存储，在提高管理效率的同时，又能增强存证数据的安全性与可靠性，并且可以减少存证数据反复确认的问题，有效地提高了效率。

（2）电力领域交易类应用，通过基于区块链技术的分布式电力交易，可以实现分布式电力交易的可追溯，并进一步保证交易的透明性，利用区块链不可篡改、点对点交易的特性结合对数据的统计分析能够实现精细化、精准交易管理，为新能源交易部署提供有力数据支撑。目前已在中长期交易撮合与电子合同存证场景中得到应用。

（3）电力领域数据共享类应用，通过分布式的数据存储，本地化或就近区块节点获取数据的方法，一方面减少了集中式存储所需的空间资源与服务资源；另一方面减少了服务器性能压力，增强了系统的稳定性。

7.1.1.2 功能特点

（1）用户权限管理：对不同的链用户分配不同的使用权限，相互之间不能越权访问。

（2）跨链通道管理：为支撑存证类业务应用，保证公司不同业务数据接入需求以及业务数据的安全性，需对区块链通道进行隔离保护，通道按不同业务种类进行隔离划分，保证数据传输过程的安全性。

（3）智能合约管理：为支撑不同业务类型使用，需满足合约功能可编辑、自定义，制定统一的合约校验规则，保证合约智能、安全运行。

（4）对外数据交互管理：提供对外交互接口服务，制定交互数据模型、开通交互信息通道，保证数据的安全性、隐私性。

（5）身份凭证服务：通过实名认证，开通安全认证系统的用户提供移动终端、PC 等全终端环境下的可信身份认证服务。区块链作为去中心的交换承诺存在，不存储敏感信息，保证信息的有效性、完整性、安全性；通过企业级区块链平台，处理链与链之间交互的身份认证中验证与协调问题，允许用户自由创建加密数字身份，保证在整个交易环节的身份安全，有效遏制传统身份管理系统中常见的身份盗窃问题。

BitXHub 架构示意图如图 7-1 所示。

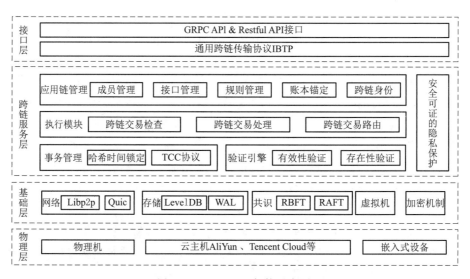

图 7-1 BitXHub 架构示意图

习近平总书记在中央政治局第十八次集体学习会议中提到，要利用区块链技术打通"创新链、应用链、价值链"，具体落实在电力场景中，跨链产品可以在已经建立的多条业务链、数据链、监管链基础上进行进一步深度融合打通，提升区块链公共服务能力，支撑区块链应用需求，具体表现在以下几个方面：

（1）提升电力数据可信度。利用区块链技术的数据不可篡改与数据共识特性，通过将核心数据例如调度数据、交易数据放入区块或将数据快照放入区块的方式，加强数据的抗攻击能力，通过共识过程进行多方验证的方法进一步提升数据服务的可信程度。

（2）扩大数据共享范围，提升数据价值。随着各电力企业对区块链建设需求的增加，需要将有共享需求的数据放在链上，进行跨系统与跨区域的数据共享，通过数据的流转实现数据价值。

（3）降低跨系统数据交互成本。利用区块链数据分布式存储、自动同步和安全的特性，由原有的频繁调用业务系统接口的方式，改变为从就近区块共识节点访问数据，一方面降低了原有业务系统的压力，另一方面提升了数据的交互速度，整体上降低了数据交互成本。

（4）促进与物联网和人工智能技术的共同发展。区块链的安全与分布式特性，非常适用于电力场景中海量分布式的终端设备，会极大地提升电力物联网自身的数据传输与逻辑执行安全。区块链技术的时序、数据可信等特征，可作为人工智能机器学习的有力底层数据支撑。

7.1.1.3　应用成效

BitXHub 为公链和联盟链提供了一套自主创新、透明可信的跨链技术方案，基于通用跨链消息传输协议 IBTP 打造了一个异构区块链跨链示范平台，秉承着去中心、可扩展、高可用、易接入的设计理念，为链上的资产、数据、服务开拓价值互通的渠道，助力区块链技术从"链孤岛"到形成"链网络"的发展。跨链技术的生命力来自于所有区块链技术人员与相关行业从业者，因此 BitXHub 希望开放一种跨链通用协议，为跨链平台增添一份公信力，希望构建一个自由、活跃、先进的开源社区以丰富与完善跨链标准，能够桥接更多类型各异的区块链平台，与多方共同探索跨链的生态系统，共创跨链的深远价值。

7.1.2　秒溯源区块链智能一体机

7.1.2.1　产品介绍

作为国内首台突破新能源消纳信息壁垒的区块链智能装置，秒溯源区块链智能一体机采用"利用智能合约实现基于身份的密钥管理方案及装置"的核心技术，可支撑跨链互信，采用"松耦合"的设计原则在边缘侧进行部署，解决上链数据均来自于数据库等数据不可信问题。适用于政务管理、交通管控、电力行业、智慧能源、物联网终端、智慧城市等多种应用场景，可支持以上应用场景下终端设备直采数据进行边缘计算后上链存证的需求，可在生产作业现场、户外设备及杆塔等极端环境下进行部署，满足可信管理、智慧管理、安全生产监督的需要，实现多用户、多市场主体间的赋信，通过各类感知终端实现采集数据实时上链存证及合约计算。

通过区块链可信一体机的技术研究及应用，实现多种应用场景下的终端设备数据的采集、计算、上链存证的一体化，从源头上保障数据的可信和防篡改，助力搭建公平、公正、互信的城市环境，赋能新型智慧城市建设。

7.1.2.2 功能特点

（1）身份认证模块。负责智能融合终端在区块链网络中的注册，生成注册区块数据并发送到区块链模块，永久存储在区块链模块中，通过终端与各业务系统双向身份认证，有效防止匿名终端的非法接入。

（2）容器管理模块。对容器部署的应用软件的运行状态进行查询、监控与管理，可根据实际需求配置单个容器的资源，包含 CPU 核数量、内存、存储空间、接口等；并可远程对容器进行启动、停止等操作。一体机支持单个容器、部署多个应用软件，并可对容器的运行状态进行查询和监控，终端支持不同容器间的应用进行数据交互。

（3）边缘计算模块。实现对智能融合终端数据的就地化分析计算，为运行在终端上的各种服务和第三方应用提供计算、网络和存储资源，为资源有限的智能融合终端提供基础资源，促进区块链安全高效运行。

（4）区块链服务模块。部署在智能融合终端容器内，作为区块链节点利用共识算法和智能合约参与应用服务，对本地终端数据进行筛选处理，实现终端采集数据的安全透明、防篡改、可追溯，从源头保证数据的真实可信。

7.1.2.3 应用成效

（1）绿电溯源应用，如图 7-2 所示。利用区块链一体机构建去中心化的绿证签发平台，使电能量采集终端采集的数据在用户侧直接上链存证，依据用户实际使用的清洁能源，利用智能合约自动签发绿证给用户，解决传统绿证签发平台不透明、手续冗长、流程繁琐等问题，优化绿证签发周期和成本。通过电源端和负荷端区块链一体机的应用，利用区块链技术的不可篡改和可追溯的技术特性，对每度绿电从产生到传输、使用的全过程进行记录跟踪和追溯，实现绿电全生命周期的透明化监控和管理。

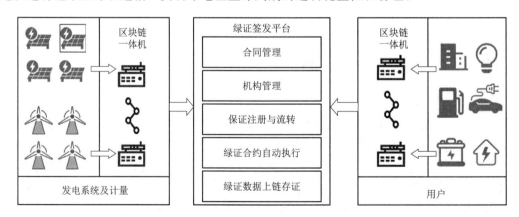

图 7-2 绿电溯源应用

（2）电动汽车共享充电应用，如图 7-3 所示。采用区块链一体机在边缘侧存储能源生产、消耗的数据。同时，采用智能合约自动管理电能管理平台与充电站之间的付费问题，也包括绿能电力证书发布，可将区块链一体机通过跨链互信接入到其他区块链平台，实现与相关电力企业、发电企业、售电公司、运营商等机构的信息共享。

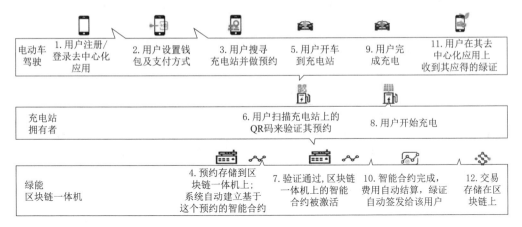

图 7-3　电动汽车共享充电应用

7.2 解决方案

7.2.1 基于区块链的虚拟电厂运营平台

7.2.1.1 方案介绍

传统的发电站，例如火电站，在发电时为应对不断频繁波动的负荷，采用了中心化的自动发电控制和自动经济调度技术。通过该技术实现了在一定负荷波动范围内，多个发电站的多个机组可以基于负荷变化自动协调机组发电功率，下调功率的发电厂也会获得相应的补偿，在平衡源荷端的同时保证了各方利益的公平分配。

而新能源发电站，例如分布式光伏电站，大多分散且缺乏统一协调，并且在发电时，发电功率依赖于自然现象，受不可控因素的影响，难以主动调节。为保证源荷端的平衡稳定，需要探索通过统一协调新能源发电站和调整用户侧的负荷实现源荷端的平衡，在维持电网稳定运行的同时保证效率和经济性。

基于区块链和智能合约技术构建的虚拟电厂，打通多个原本相互割裂的新能源发电站、储能设施和用户端可控负荷，深度感知源网荷储，制定全局最优调控策略，以公平透明的方式促成多个不同能源之间的多能互补、提高可调控容量占比和可再生能源并网友好水平。本虚拟电厂运营平台具有以下优势：

（1）资源有效利用，提高整体效率。区块链技术的全网计算能力大部分用来维持其自身内部的运营，即用于内部的竞争式计算，对外输出的计算能力并不强。而虚拟电厂需要处理大量交互的数据信息，对信息的实时性要求较高。因此，当区块链技术应用于虚拟电厂时，需对区块链技术进行一定改进，建立数据更新频率更高、数据传输更快的技术体系以及更高效的共识机制等。同时，为了保证系统的去中心化和安全可靠运行，区块链中的所有区块需掌握系统内的所有数据信息。然而，随着虚拟电厂中分布式能源逐渐增多，系统中所承载的数据信息也逐渐增长，这与单个区块存储容量限制之间将会产生矛盾。当区块链技术应用于虚拟电厂时,需在运行效率与资源的合理性方面找到平衡点,从而在保证较快的运行效率的同时尽量减少资源的浪费。

(2) 激励机制保证生态运转。区块链技术可实现智能合同的签署及自动执行,保障了智能合同的执行力和可靠性,这有助于虚拟电厂之间以及虚拟电厂与其他用户之间交易的顺利进行。然而区块链技术存在智能合约责任主体缺失问题,其构建的智能合约的主体往往是虚拟账户,导致在合同授权、违约责任方的追责上出现缺少责任主体的问题。但当区块链技术应用于虚拟电厂时,虚拟电厂的内部各分布式能源是具体实体,可采用激励政策保证合约的有效执行,以及通过惩罚机制来避免出现违约的情况。同时,在各分布式能源加入虚拟电厂时,进行数字身份认证,保证每个分布式能源都能在系统中被寻找到,从而有效避免了区块链技术在智能合约方面的责任主体缺失问题,保证了智能合约的完善性及执行的可靠性。

7.2.1.2 功能特点

(1) 分布式数据治理。使用区块链聚合发电数据、储能数据和用电数据。发电站,如分布式光伏站等,以节点的形式加入到区块链中,注册自身发电功率、可控发电功率范围、预测发电量等数据,共享发电相关数据。储能设施,如水电站、储能站等,也以节点的形式加入到区块链中,并注册自身的储电能力、放电能力等数据,共享储能相关数据。用户侧的可控负载则通过物联网设备以节点或轻节点的形式加入到区块链中,并注册自身用电功率,共享自身的用电计划和可控负荷等数据。

(2) 数字身份认证。每一个区块链节点、轻节点、物联网设备和用户都将会获得一个数字身份,用于在虚拟电厂中识别身份和数据确权。

(3) 协调算法固化。通过智能合约部署统一协调算法,实现源储荷三端平衡。统一协调算法旨在基于链上的发电数据、储能数据和用电数据计算当电力供给端或电力负荷端出现波动时应当协调的发电站发电功率和用户侧可控负荷。例如当新能源发电端的功率下降时,智能合约基于链上的数据,下调或关闭用户侧可控负荷,同时向 AGC 系统发送指令上调发电功率以进行最终补偿。

(4) 用户激励。当用户侧可控负荷和发电端参与协调时,将会记录参与协调的物联网设备的数字身份、协调功率等数据,并基于该数据按照一定周期给予奖励、绿色凭证或可再生能源消纳凭证。

系统的整体架构如图 7-4 所示。感知层主要包括智能电表等智能终端;网络层包括边缘计算网关,智能终端会把数据传给边缘计算网关,一个边缘计算网关下面可对 1 个或多个智能监控终端;IOT 云平台承载了所有的边缘计算网关、链接、应用分发和处理,负责相关的数据存储和计算;应用服务层包括各虚拟电厂运营商用户。

7.2.1.3 应用成效

基于区块链的虚拟电厂可以使电力体系中的源、网、荷、储四端更好地进行协同。

(1) 实现源网荷储统一协调。通过使用区块链智能合约部署的统一协调算法和区块链中的深度感知数据,保证整个虚拟电厂中每一个节点的最终决策都是全局最优决策,并通过共识机制保证不同节点之间决策的一致性,整合了可再生能源发电资源,最终形

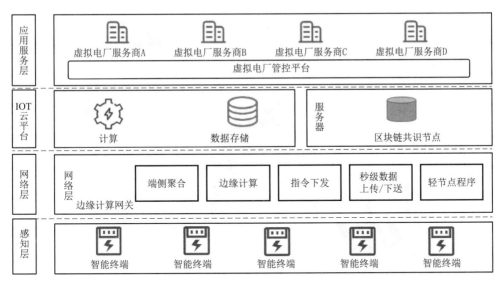

图 7-4 基于区块链的虚拟电厂架构示意图

成多能互补的虚拟电厂。

（2）高效打通源网荷储终端。通过使用区块链技术作为基础，每个源网荷储终端只需要将自身系统与区块链进行对接即可，无需对接其他所有终端。在技术层面上简化了对接工作，提高对接效率。

（3）协调决策透明可信。由于区块链中的协调决策经所有节点共识，并对所有参与方公开，任何一个节点均可获取决策流程、结果和执行情况，保证了每一个决策的透明度和可信度。

（4）协调记录不可篡改。由于所有的协调记录保存在区块链中，任何一个节点无法根据自身利益篡改记录，保证了基于协调记录发放奖励、绿证和可再生能源消纳凭证时的可靠性与权威性。

（5）保证发电数据可信可用。由于源网荷储终端均采用了分布式数据身份认证与确权技术，发电用电数据上传至区块链之前，终端将会使用自身内部存储的私钥对数据进行签名。上传至区块链上的发电用电数据均可使用终端的公钥来验证数据的真实性，保证了发电用电数据的可信度。

（6）赋能监管。监管机构作为区块链网络中的节点之一，可以获得网络中的所有真实数据，实现穿透式监管。此外，监管机构也可将监管条例写入智能合约中进行执行，使监管更加高效透明。

7.2.2 基于区块链的绿电溯源平台

7.2.2.1 方案介绍

新能源汽车与传统燃油车之间的区别是燃油车是一个机械产品，新能源汽车变成一个电子产品，充电桩把控制、计量、保护后推到智慧车联网平台，把数据、信息、人机交互上传到智慧车联网平台和 e 充电，把所有的充电桩变成小小的充电终端、充电盒子，而且盒子具备所有的数据监控、采集、传输，所有的充电桩连接到一起就变成了一个小的充电网，所有的充电站加在一块，最终成为一个巨大的充电网络。

充电桩只能给汽车充电，充电网可以削峰填谷、智能调度，充电网可以实现低买、高卖。智慧车联网平台连接着电网，对上接风、光、水发电，对下连接着充电桩、汽车、用户，周边还连接着生活的用电。而这些都是双向流动的，通过大数据云平台、智慧车联网平台控制着这样一个互补、融合的能源系统，成为能源的路由器。车与车、车与电网、车与家庭都进行着能源的流动，低谷电的流动，新能源的流动。智慧车联网平台就是把"新能源汽车"＋"新能源"相结合的一个平台，加上用户、数据、能源需求，从中将会发现更大的社会价值、商业价值和成本优势。

电网公司 2019 年"泛在电力物联网"57 项重点工作中，将"车联网绿电交易"和"基于区块链的新型能源业务模式研究"均纳入了项目安排，并明确提出，需要实现"绿电溯源"功能，拟结合"基于区块链的新型能源业务模式研究"项目的开展，采用区块链"无法篡改"和"可溯源"的特性，实现"绿电溯源"的功能，并依托车联网 2C 的功能，为广大的车主"充绿色电"，基于区块链的绿电溯源具有以下优势：

(1) 随着 2020 年新能源汽车购置补贴完全取消，竞争的重点将转移到车辆使用变动成本上，充电费是其中重要一环。通过新能源电力交易降低能价格够有效激励用户选择和使用电动汽车。

(2) 电动汽车用清洁电有利于发挥电动汽车的节能环保效益。目前电能来源中火电占比依然较高，限制了电动汽车的节能环保效果。以火电占 70% 测算，通过聚合电动汽车负荷参与电力交易获得清洁电能，电动汽车每消耗 1kWh 电能的二氧化碳减排量和节约用能当量与目前相比将分别提高 4.2 倍和 1.8 倍。

(3) 积极响应国家政策，依托大电网的优势，提升电网优化配置资源能力，强化清洁能源全网统一调度，通过市场手段打破省间壁垒，充分发挥现有输电通道功能，有效缓解新能源弃电问题。

7.2.2.2 功能特点

(1) 用户充绿电服务：将充电服务产品化，打造自主选择模式和随机分配模式，用户可以根据自身情况做出选择，在用户选在相应的模式之后，页面会自动跳转到相应的页面：选择主动选择模式，页面会跳转到用户可自己选择发电地区、发电方式等的页面；选择随机分配模式，页面会跳转到随机分配页面，用户只需确认开始充电，并在充电完成之后进行支付。

(2) 随机分配模式：用户在 App 端选择随机分配模式后，系统会根据用户选择跳转到随机分配模式子业务模块，系统提供可随机分配的电力类型，用户根据需求选择并开始充电。

(3) 绿电溯源服务：通过购电交易合同，对合同进行解析可以抓取到发电地区、受电地区、购电总量、购电价格等数据，通过对相应数据字段抓取组合，形成部分通证，并分解为带时间维度的特征曲线；通过基于对调度计划管理系统提供的调度计划曲线和新能源车的新能源特征曲线，根据预定义算法模型调度计划解析生成特征曲线并将曲线进行哈希；对车联网平台提供的订单数据，包括订单编号、用户 ID、当次充电量等数据进行解析，通过匹配以上三方机构提供的数据字段，形成唯一的数字通证，通过将数字映射方式对物理电力映射到数字世界的方式实现对新能源车使用新能源电的溯源。

（4）购电合同解析：在交易中心将购电电子合同进行哈希后存储在区块链上、将生成通证的相应字段存储在区块链上，将合同关键字段及哈希值同步给链上的其他节点。

（5）调度计划解析：通过电力交易中心系统的授权，获得电力交易合同数据，同时通过合同信息及调度中心的数据支持进行建模生成预测调度曲线，并根据历史数据和每日运行数据对模型进行调整和优化。同时，系统将预测的调度曲线分解为以 24h 为单位的模拟发电折线图，并将折线图在链上哈希，哈希值与购电合同解析字段组成绿电通证的供给侧部分，通过智能合约实现发电曲线上链。最后，通过智能合约将模拟发电折线图上的相关数据通过"绿电通证"生成的匹配规则与具体的订单相匹配。

系统的技术架构如图 7-5 所示，分为底层资源层、基础服务层、中台服务层、业务服务层、系统对接层、机构互联层几部分。

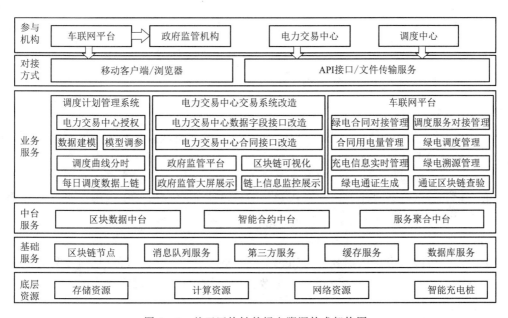

图 7-5 基于区块链的绿电溯源技术架构图

7.2.2.3 应用成效

电网公司于 2019 年 10 月 17 日的"国家电网智慧车联网＋绿电交易、扶贫公益"活动上发布了基于区块链的绿电溯源平台。通过该平台，某地区电动汽车首次用上了来自西北地区的清洁绿电，定向消纳某省光伏扶贫电力及某省清洁电力，真正实现了新能源车充新能源电。此次活动预计可消纳电量 7000 万 kWh，相当于减少标准煤燃烧 2.03 万 t，减排二氧化碳排放 6.72 万 t。本次活动由某市电力公司通过跨省跨区绿电交易完成购电，由某电动汽车公司通过智慧车联网平台动员、组织、聚合电动汽车负荷完成定向消纳。通过价格信号，引导电动汽车用户充电行为，低谷多充电、高峰少充电，从而实现用电负荷移峰填谷。此举提升了电网的运行效率和新能源消纳能力，降低了电动汽车用户的充电成本，以市场化机制实现多方共赢。

随着 2020 年新能源汽车购置补贴完全取消，竞争的重点将转移到车辆使用变动成本，其中充电费是重要一环。通过新能源电力交易降低能价格够有效激励用户选择和使用电动汽车，基于区块链的绿电溯源方案具有以下优势：

（1）高效协同。通过分布式的数据账本高效提升工作效率，提升电网优化配置资源能力，强化清洁能源全网统一调度，通过市场手段打破省间壁垒，充分发挥现有输电通道功能，有效缓解新能源弃电问题。

（2）凭证生成保证不可篡改。通过区块链的不可篡改性保障数据的存储安全与传输可靠性，通过高可用的区块链底层平台有效支撑用户侧大规模绿电通证的生成与分配。

（3）绿电流转全生命周期管理。通过在链上绿电溯源闭环，实现清洁能源消纳和传输的量、价、时间的匹配，提升溯源精度和可信度，推动清洁能源生产-分配-消费生态平台的良性互动，优化全社会电源结构，缓解系统调峰调频压力，提升全社会新能源利用效益。

（4）数据整合，实现穿透式监管。整合新能源行业数据资源，加强政府对新能源汽车行业的监管，为政府政策制定、补贴发放和科学决策提供数据支撑。

7.2.3 区块链企业应用服务平台

7.2.3.1 方案介绍

"区块链企业应用服务平台"是针对企业部署运维区块链服务难、开发测试智能合约周期时间长等问题，结合区块链联盟治理的理念，融合云计算、数据中台和可信执行环境而研发的企业级区块链底层云服务技术平台。该平台能够全面支撑以及简化企业对区块链服务部署运维以及智能合约开发应用，缩短了企业对落地区块链应用服务的开发周期，提高了企业对区块链应用的落地项目的研发效率。该平台的架构如图 7-6 所示。

（1）多维准入机制。通过严格的联盟组织准入审核机制、账本通道记账准入机制以及智能合约执行准入机制，加强联盟组织治理。企业用户可以根据自身的业务需求来配置链上数据的访问权限，包括对组织私有数据、合约接口、通道读写，以及用户数据的访问控制。

（2）高效可配置共识。该平台提供可拔插的区块链共识模块，企业用户可以根据自身业务特性来配置合适的共识模块，目前兼容 RAFT 共识算法，以及部分恶意服务节点发送错误数据的 Tendermint 共识算法。为了保障共识安全，平台提供基于硬件的共识算法，增加网络稳定性的同时，提高了共识记账效率。

（3）可信安全存储。平台兼容软硬件可信执行环境（TEE）来对本地账本进行机密性保护，并集成国密算法、零知识证明算法、形式化验证，来对数据、交易、智能合约进行全面安全防护。对于小额交易和常规轻量业务执行链下处理，仅在交易方退出后将最终交易状态反馈于链上，即通过"链上锁定—链下执行"来增强链上链下数据安全性的同时，提升平台对事务的处理性能。

（4）灵活的区块链服务参数配置。企业用户可根据自身业务需求设定区块链服务的

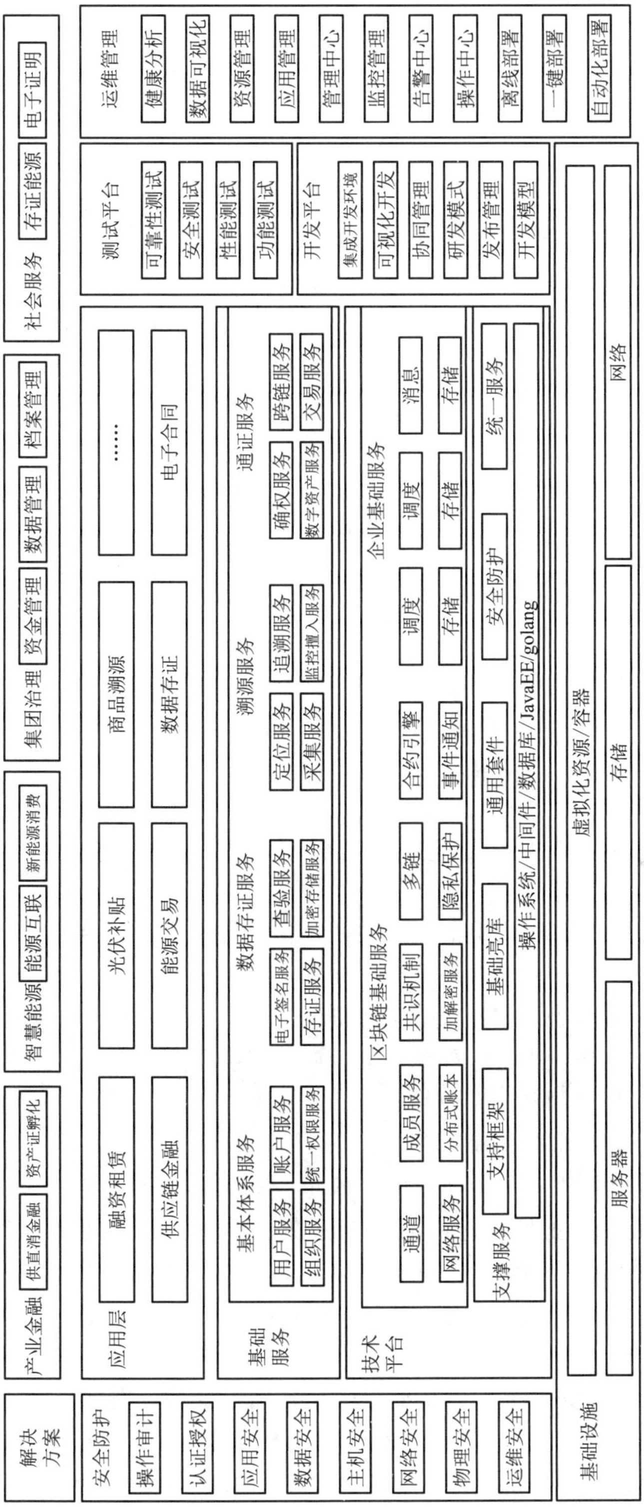

图 7-6 基于区块链的企业应用服务平台架构图

基本运行参数，包括共识机制、密码算法、数据库应用、日志方式以及联盟区块链参与的组织，并且可以指定区块链服务部署至特定的宿主机，简化企业用户部署区块链分布式服务的操作流程。平台支持云服务器与物理主机的管理，支持区块链服务即可部署在云服务器同时也可部署在物理主机的混合部署形式。

7.2.3.2　功能特点

该平台主要包括以下八大功能模块：①基础运行服务，主要提供区块链服务部署管理配置功能；②联盟组织治理，主要提供区块链联盟参与组织治理服务；③联盟组织身份证书管理，主要是对区块链联盟组织成员以及区块链服务节点的数字身份证书和通信证书执行注册、下载、续签、注销等管理；④运维监控预警管理，主要提供区块链宿主机以及区块链服务的性能指标监控预警；⑤通用服务管理，主要提供区块链通用智能合约服务管理，帮助企业快速实现其应用落地；⑥链上数据可视化，主要提供区块链上链数据的可视化展现，帮助企业用户分析区块链应用服务的使用运行现况；⑦智能合约开发框架，主要提供智能合约开发模板，为企业用户提供智能合约定制化开发模板，减少企业用户开发智能合约的成本，提高合约开发效率；⑧智能合约管理，主要提供智能合约全生命周期的可视化操作管理，优化企业用户管理智能合约安装部署的操作流程。

7.2.3.3　应用成效

1. 电益链能源云服务应用

基于区块链企业应用服务平台建设了供应链金融平台。2019 年 5 月起，某电力公司试点应用电益链能源云服务，该应用将电力公司、电力用户、供应商、金融机构等多方价值需求链接在一起，在区块链上整合数据、资源、服务，为资金需求方提供各类融资增值服务、撮合资金供需双方，促成各方业务成交，产生利润收益，实现财务精益化管理。

电益链能源云服务业务架构如图 7-7 所示，该服务是财务价值转型、建设能源产业链生态圈的首次尝试，在线下业务试点中，订单融资与招行合作，向某电缆供应商提供 3000 多万元融资额；ABS 融资与银行等金融机构合作；投标保证金保险向 92 家供应商释放保证金 6700 万元；在质量保证金保险方面，向 4 家供应商释放保证金 2348 万元；预计融资规模 15 亿元，形成公司新的营收增长点。

2. 分布式光伏交易结算应用

基于区块链企业应用服务平台建设的区块链分布式能源交易，于 2019 年 5 月起在某电力公司试点应用。在分布式光伏的电量采集、结算受理、电费计算、电费确认、发票校验、结算支付、支付制证等方面开展区块技术在新能源交易领域的实践性验证，完成低成本的点对点价值传递。基于区块链的分布式光伏交易结算应用系统业务架构如图 7-8 所示。

在原有分布式光伏结算业务中，从电量采集、结算受理、电费计算、电费确认、发票校验、结算支付、支付制证整个流程至少需要 1 个月的时间。但在本项目系统中，通过区块链的应用，减少了电网企业各业务部门重复核对的工作量，使整个业务流程下降至 5 天，减少了人力成本支出，工作效率大幅提升。例如，原先确认每张发票需要 10min，现

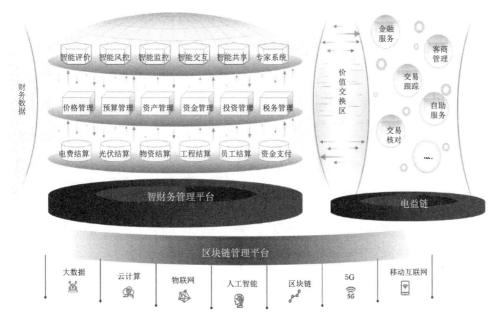

图7-7 电益链能源云服务的业务架构

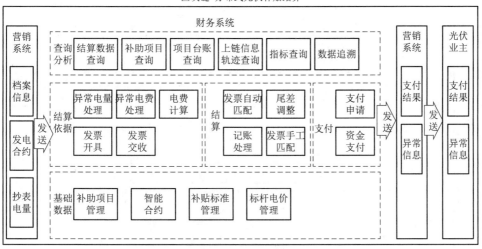

图7-8 基于区块链的分布式光伏交易结算应用系统业务架构

在只需要10s;原先从营销到财务数据传递、交叉核对需要5天才能完成,现在实时同步;原先需要数天才能完成的合规检查业务,现在实时检查。

截至2020年5月,本项目服务自然人用户21951户,完成上万次分布式光伏结算业务,结算金额共16110余万元;服务非自然人用户1169户,结算次数上千次,结算金额64321余万元。从社会大众角度来看,本项目方便了光伏业主,让光伏用户能够快速、并准确地与电网公司确认发电量、上网电量及结算、补助情况;对电网公司而言,也能够做到对用户的精益化管理，为用户提供更加智能化、人性化的结算和补助服务，促进了绿色能源推广应用。

7.2.4 电链区块链电力工程管控服务平台

7.2.4.1 方案介绍

电链区块链电力工程管控服务平台（V1.0）是针对电力施工工程管理过程中面临的对洽商等变更过程缺乏及时存证、对工作量难以精确确认、施工现场灰度空间大、缺乏灵活有效的定制化管理工具等问题，通过结合区块链、传感器、大数据分析等技术形成的面向电力施工工程管理及施工现场管理的综合管控服务平台。该平台实现对工程流程的全生命周期管理，确保流程推进及款项结算的及时性；为施工现场管理人员提供基于历史经验的质量安全关注点及管控方式推荐；同时该平台作为工程管理人员的管理抓手，可以实时采集施工现场的多维度数据，实现按需定制、精准管理，起到减少灰度空间，降低安全质量风险的作用。该平台的架构如图 7-9 所示。

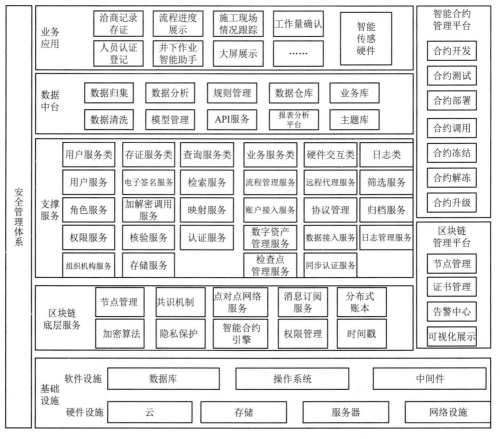

图 7-9　电链区块链电力工程管控服务平台总体技术架构

该平台主要包括以下八大部分：

（1）业务应用。根据业务需求，构建上层应用逻辑，包括洽商记录存证、人员认证登记、流程进度展示、井下作业智能助手、施工现场情况跟踪、工作量确认、大屏展示等，并根据业务需要，配套相关智能传感设备进行数据采集与感知。

（2）数据中台。对数据进行规约集成，在数据中台对标准数据进行结构化处理，并对数据进行清洗，供后续分析建模使用。

（3）支撑服务。主要对业务应用进行支撑，包括用户服务类、存证服务类、查询服务类、业务服务类、硬件交互类、日志类等几大类的服务集。

（4）区块链底层服务。提供区块链的底层架构，包含节点管理、加密算法、共识机制、隐私保护、点对点网络、智能合约引擎、消息订阅、权限管理、分布式账本和时间戳服务等。

（5）智能合约管理平台。该平台实现对智能合约的全生命周期管理，包含合约开发、测试、部署、调用、冻结、解冻、升级等操作。

（6）区块链管理平台。提供区块链浏览器对链上信息进行展示。同时提供区块链的基础管理功能，如节点管理、证书管理、告警中心等。

（7）基础设施。包括硬件、软件的基础设施。

（8）安全管理体系。整个平台依托安全管理体系确保信息安全。

7.2.4.2 功能特点

（1）灵活的可定制管理平台。该平台针对不同电力施工项目种类、工序不同的特点，为管理人员提供有针对性的规划监管方式及内容，并可灵活添加安全质量检查点，从而改变现有管理系统灵活度不足所造成的监管不足、监管冗余等问题，提高了现场管理的效率及有效性，降低了现场施工质量安全风险。

（2）多方互信的多类型数据记录存证平台。该平台可通过图片、音频、视频、电子签章等多种形式，依托智能合约，对现场情况进行取证及上链存证，若任意方对数据产生质疑，可通过平台进行链上数据调取，从而解决多方数据互信问题，为项目推进及项目结算提供依据及助力，平台提供灵活可配的存储方式满足不同类型的存证需要。

（3）多技术的高度融合。该平台融合了区块链、大数据、人工智能、IoT 等多类技术。通过区块链构建了安全可信的底层支撑平台；通过大数据对历史数据进行统计分析，为业务决策提供支撑依据；通过人工智能对潜在安全隐患提供预警；通过 IoT 实现对施工现场的人员数据、机械数据、操作数据、环境数据等多维度数据进行自动采集，为管理者提供足够的信息支撑。

（4）支持国密体系，提供多层级安全管理模型。该平台支持 SM2、SM3、SM4、SM9 等全套国密算法，支持基于国密算法的数字签名、证书体系、TLS 加密。同时，平台可对用户、节点实行分级管理，建立多层级的权限管理模型，并提供不同维度的安全审计服务。从加密、权限、审计等多方面构建安全管理模型，确保业务数据的安全性。

（5）强大的区块链自定义配置。该平台通过不同级别的认证证书，完成节点准入体系的构建，支持动态增删节点，支持动态修改日志级别，支持智能合约在共识机制下的升级，具备智能合约的全生命周期管理，支持 BFT 类共识机制的动态插拔，提供区块链浏览器监控区块链运行情况，支持本地化部署、云服务器部署及混合部署。强大的自定义配置能力可确保该平台适用于不同的业务场景，满足不同用户的需求。

7.2.4.3 应用成效

"电力工程链"是依托于电力工程管控服务平台，为一线电力工程管理企业建设的一套旨在解决施工现场管理与项目进度管理问题的管理工具产品，是"新基建"在电力工程领域的创新实践，通过运用以区块链、大数据、智能硬件、人工智能为代表的一系列新技术，建立多方互信的数据存证及应用体系，助力电力工程管理，提高电力工程管理效率，提升电力工程管理水平。该平台为一线电力工程管理企业提供可自主决策、自主使用的施工现场管理工具，使"最贴近施工现场的管理者"有效管理施工现场；通过区块链技术为项目各关联方提供可信数据存证服务，支持各方对工程洽商、工作量证明等对项目进展及结算具有重要作用的数据进行共识，促进项目高效开展。该平台可有效解决现存的项目回款、工作量确认、施工质量安全管理等问题，切实加快各方共识过程，降低沟通确认时间，提高项目推进效率，同时精准管控施工现场质量安全。施工安全管理流程如图 7-10 所示。

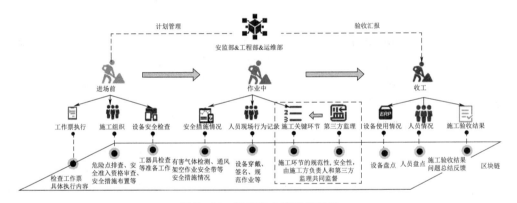

图 7-10　施工安全管理流程图

"电力工程链"在某一线电力工程管理企业进行试点及推广的意义如下：

（1）建立行业可信标准。"电力工程链"可在电力工程行业内建立可信数据标准，通过平台用户的增加形成"行业互信联盟"。通过数据的统一标准采集、统一上链存证，联盟内用户形成强互信环境，极大提高联盟内用户合作效率。

（2）建立数据资产确权体系。"电力工程链"可对各用户项目数据精准确权及标准化管理，为用户形成确定数据资产。随着用户数字资产的增多，该类资产可作为用户的能力证明，亦是用户在管理收益之外获得的重要价值。

（3）提供可信的监管。"电力工程链"可为电网公司提供可信的电力工程监管途径，通过设立监管节点，管理单位可实时查阅当前电力工程可信数据信息，为管理单位提供管理依据。

（4）隐私保护下的数据利用。"电力工程链"可集合大量可信工程管理数据，该类数据可以通过区块链技术进行确权并保护隐私，使各用户数据仅自己可见。同时，平台可实现数据"可用不可见",在保护用户隐私的前提下对链上数据进行大数据分析,从而持续优化工程管理方式,助力各一线管理企业项目管理。

7.2.5 基于区块链的可再生能源电力消纳

7.2.5.1 方案介绍

为进一步促进可再生能源持续健康发展,激励全社会加大开发利用可再生能源的力度,2019 年,国家发展改革委、国家能源局联合印发《关于建立健全可再生能源电力消纳保障机制的通知》(以下简称"《通知》"),《通知》以《可再生能源法》为依据,提出建立健全可再生能源电力消纳保障机制,核心是确定各省级区域的可再生能源电量在电力消费中的占比目标,即"可再生能源电力消纳责任权重"。《通知》规定,电网企业负责组织实施经营区内的消纳责任权重落实工作。各市场主体通过实际消纳可再生能源电量、购买其他市场主体超额消纳量、自愿认购绿色电力证书等方式,完成消纳量。可再生能源电力消纳凭证,即由电力交易中心对超额完成消纳权重的可再生能源利用数字化技术发放的唯一编码。以区块链技术为支撑,构建可再生能源电力凭证核发、交易、核算等应用,进一步提高可再生能源电力消纳凭证在签发、交易等全流程的透明性与可控性,为可再生能源电力消纳凭证增信。通过将凭证属性信息、交易信息、核算等信息上链存证,有效保证了数据的真实性与透明性,提高各市场主体参与可再生能源消纳的积极性。可再生能源电力消纳凭证的发行和交易通过智能合约自动执行,降低了交易中心的人工成本,提升可再生能源消纳自动化和智能化水平。

7.2.5.2 功能特点

1. 可再生能源电力消纳凭证签发

利用区块链非对称加密技术及不可篡改、可溯源技术特性,结合电力交易权重系统,通过区块链标记,对可再生能源电力进行凭证签发,签发时包含可再生能源电力的原始生产企业信息、凭证生成时间、凭证能源类别等信息,并设置凭证失效时间,避免凭证在次年被重复统计,同时通过链上共识,确保发电企业所发的可再生能源电力只会被核发一次凭证,不会被重复核发。基于区块链的可再生能源电力消纳凭证签发如下图所示。凭证由电力交易中心负责签发,并内嵌到凭证数据内,凭证生成后自动上链存储。可再生能源电力消纳凭证签发示意图如图 7-11 所示。

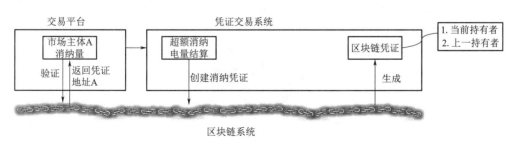

图 7-11 可再生能源电力消纳凭证签发示意图

2. 超额消纳凭证交易与核算

利用区块链智能合约与共识机制，实现可再生能源电力超额消纳凭证的自动化、智能化交易。基于凭证区块链对凭证核发的应用，结合各消纳责任主体权重消纳完成情况，对超额消纳凭证开展基于区块链的智能交易，在自动匹配交易双方价格、数量、日期等需求信息的条件下，一旦双方内置合约条件达成一致即可通过智能合约自动完成交易。可再生能源电力消纳凭证交易流程如图 7-12 所示。

图 7-12　可再生能源电力消纳凭证签发流程

可再生能源电力消纳凭证，在交易过程中始终带有所属方的电子签名，通过对电力交易链上的可再生能源电力消纳凭证的电子签名统计，就可以生成凭证统计报表，进而实现各消纳责任主体的消纳量核算。在电力交易中心和可再生能源信息中心之间建立数据共享机制，通过区块链实现超额消纳数据的互联共享，完成多种消纳信息的汇集核算，快速准确的识别消纳数据的有效性，一旦判定符合消纳量核算要求，自动计入该消纳责任主体消纳量完成指标，实现消纳量统计报表的快速核算。

3. 可再生能源电力消纳凭证验证与追溯

通过区块链平台全程记录了凭证核发、转移全过程，一方面，利用区块链哈希算法及非对称加密技术对可再生能源电力消纳凭证真伪进行验证；另一方面，结合时间戳及多点共维实现对凭证的全过程溯源，同时借助区块链上各个参与方共同对凭证签发、交易、核算等全流程形成有效监管。可再生能源电力消纳凭证验证与追溯流程如图 7-13 所示。

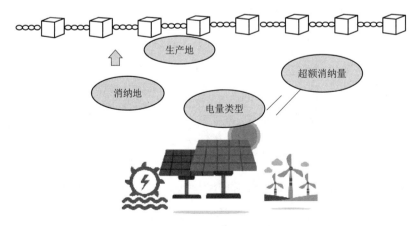

图 7-13　可再生能源电力消纳凭证验证与追溯流程

7.2.5.3 应用成效

可再生能源电力消纳凭证交易系统以高性能架构满足全国范围的可再生能源消纳责任权重业务需求，支撑了首个国家级可再生能源电力消纳市场的统一运作，保障国家可再生能源电力消纳政策有效实施，促进可再生能源消纳。系统深度结合区块链技术优势，除了身份认证、业务存证等常态应用之外，凭证交易系统围绕以智能合约为代表的区块链2.0技术，实现链上发行凭证、链上开展交易及溯源等功能，建成国内电力交易领域首个深度应用区块链技术的信息化系统，实现全交易过程链上运行。

凭证交易以超额消纳量为核心价值、以数字凭证为载体进行转移交换，区别于电力电量物理交换的传统业务，具有显著的金融属性，是电力市场发展的最新业态。凭证交易系统基于新业务特性，建设支付结算一体化管理功能，支撑跨区域的凭证交易业务协同运作，实现了全新的电力交易模式和全国范围的资源优化配置，促进可再生能源消纳，为交易业务与新技术的融合应用积累了宝贵经验。

7.2.6 基于区块链技术的分布式光伏结算系统

7.2.6.1 方案介绍

"基于区块链技术的分布式光伏结算系统"是结合当前光伏业务场景，针对电网部门数据不流通、财务流程繁琐、效率低等问题，打造的一款便捷、易用、轻量化的分布式光伏补贴结算应用系统。通过在光伏结算的申请、计量、采集环节，以及电费计算环节引入区块链，一方面将电价标准、业主信息、电量数据等信息上链，在多主体间进行数据共享，消除数据交叉核对；另一方面将财务计费、计税等规则形成的智能合约上链，实现计费、计税自动完成，降低人为失误，提高工作效率。

7.2.6.2 功能特点

引入区块链、人工智能、大数据等技术的分布式光伏结算系统，不仅能为电力公司的营销财务业务数据交互提供防篡改保护，提升业务透明度，减少人工重复工作，提高工作效率，还能缩短补贴发放流程，为光伏业主、光伏用户提供更快捷、更智能化的补贴结算体验。系统通过维护光伏业主与光伏事业的关系，争取更多人支持低碳工作，助力国家能源改革。本方案的功能介绍及技术框架如下：

（1）业财高度融合，信息实时共享。通过搭建区块链服务平台，将业务系统与财务系统进行链接，使营销、财务、光伏业主等信息实时共享，系统不仅内置了多种智能合约规则可以进行计算，还存有校验量、价、费、补助等信息，大大减轻了营销、财务人员工作量，实现了新技术下业财融合的业务处理方式，精准掌握光伏项目各阶段的进展情况及财务处理进度，促进了业财高度融合。

（2）加强数据校验，保障数据质量。采用智能合约规则，结算信息自动核对，对异常数据实时进行预警提醒。

（3）建立台账管理，丰富查询统计。提供基于区块链技术的项目全流程台账管理，从成本确认、应收、实收、支付、余额等台账各节点统计展示，形成管理闭环。利用区块链数据不可篡改、可追溯的技术特性，保障项目数据清算和信息统计的真实性、安全性。

（4）升级技术实现，提升系统性能。通过区块链链块状储存技术保障了源头数据源的真实性，有助于提升电网财务部门在数据传递流程中的感知度，并通过对分布式项目结算系统整体进行"分布式多点储存"的技术架构改造，提升系统性能和用户体验。

基于区块链技术的分布式光伏结算系统技术架构可分为展示层、应用服务层和数据层。展示层通过 IE 浏览器以 B/S 方式进行界面展现；应用服务层开发的各类组件，实现各种应用；数据层使用 Baas 服务数据库保存各类数据。其功能总览如图 7-14 所示。

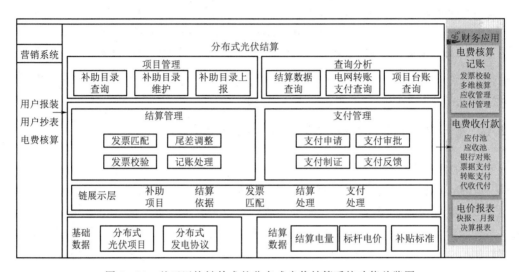

图 7-14 基于区块链技术的分布式光伏结算系统功能总览图

本解决方案创新点如下：

（1）方案创新采用区块链对原微应用分布式光伏结算系统进行了改造，打造了一款基于新技术，便捷、易用、轻量化的分布式项目补贴结算系统，为分布式项目暴增后业务安全、稳定、高效处理提供了有力支撑。

（2）方案探索利用分布式技术实现了数据从单点传递到多点共享，实现了两个部门间的数据进行可信传递。另外利用公开透明的区块链技术，系统在向用户证明原始数据真实性的同时，又借助隐私保护的技术，保证了用户只能查询到与自己相关的业务数据。

（3）方案利用区块链智能合约技术对预设结算规则进行了自动核算，解决了目前电力市场存在的补贴审核周期滞后、不同类型供应商结算周期无法自定义、购电费和补贴分头结算且不能合并支付的问题。

7.2.6.3 应用成效

基于区块链技术的分布式光伏补贴结算系统已于 2019 年 5 月在某市电力公司全面上线。自引入区块链、人工智能等技术，实现自动化、智能化升级以来，不仅大幅降低了电力光伏补贴结算业务各环节数据在传递过程中产生的风险，而且显著提高了工作效率，例如：发票的确认时间从 10min 变成 10s；营销到财务数据传递、交叉核对从 5 天时间到现在的实时同步；合规检查业务也从需要数天时间到现在可即时完成；3000 户自然人用户或 100 户企业用户票面信息核对耗时从 240min 到 30min，且无需设置财务专岗。

作为该电力公司数字化转型征程的重要组成部分，基于区块链技术的光伏补贴结算项目不仅帮助公司实现了对用户的精益化管理，同时也为光伏业主、光伏用户提供了更智能化、人性化的结算补助服务，在切实维护了光伏业主、用户的利益同时，进一步提升了消费者的用户体验。

7.2.7 基于区块链技术的身份认证解决方案

7.2.7.1 方案介绍

随着电网公司信息化工作的深入开展，统一权限平台集成的业务应用系统越来越多，管理的用户身份信息日益增加，对统一权限平台的安全性、可靠性和灾备方面提出了更高的要求。

在国网总部和 27 家网省公司，统一权限平台采用两级部署模式，总部与网省公司之间采用应用层技术实现数据同步，保证数据一致。同时，总部用户下调到网省后，用户数据需要级联到总部获取，在身份数据完成由总部到网上的推送之后，该用户才能访问网省的业务应用，但是身份数据推送存在实时性问题。身份认证是统一权限平台的核心的业务，为保证统一权限平台的 $7\times24h$ 业务不间断运行，统一权限平台采用"同城异地"双活部署架构的方式，用以解决当机房故障、系统升级等带来的统一权限平台身份认证业务中断问题。新的部署方式，导致架构更为复杂，同时增加了对硬件资源的消耗。

目前统一权限平台中的统一身份认证服务采用传统的认证方式，以身份认证服务器为核心的中心化结构，因此针对身份认证服务器的攻击是非法获得系统权限的主要途径，集中的身份认证架构面临服务器伪造、拒绝服务供给等典型攻击行为。

本解决方案主要研究利用区块链技术去中心化的特性，一方面解决中心结构下核心服务器失效带来的系统不可用风险，另一方面基于区块链技术数据的不可篡改、分布式同步等特性，提升整个身份认证系统的抗攻击能力和数据容灾能力，同时能够解决身份数据同步的实时性、数据传输的安全性问题，提升身份认证服务的可靠性，简化级联认证流程。

7.2.7.2 功能特点

本解决方案主要分为三部分。第一部分为区块链运维管理平台，主要负责对区块链的节点信息、服务器信息进行维护以及管理，同时可以展现当前区块链的使用情况。第二部分为区块链服务接口，负责对外提供标准 RESTFu 服务接口，实现对区块链数据的查询与数据的上链。第三部分为集成服务，主要是现有的认证服务的集成认证方式从数据库切换到区块链上，保证认证服务能够真正的 $7\times24h$ 不间断运行。

本解决方案使用了 IBM 开源超级账本框架 fabric，在区块链运维管理平台上实现了分区域管理、服务器维护、容器管理以及部署管理等功能。其中区域管理是为不同区块链节点提供信息分组维护能力；服务器维护负责对应区域内服务器信息的维护，同时实现对服务器 IO、CPU、内存等信息的监控，在服务器出现硬件资源即将耗尽之前，发出相应的预警信息；容器管理基于 Docker 技术，能够实现对各区块链节点基础支撑组件

（如 peer、orderer、kafka、zookeeper 等）的动态横向扩展。部署管理主要用于实现智能合约的在线部署，实现合约的在线升级。

区块链服务接口使用 nodejs 开发，主要向第三方提供开放式的 RESTFul 接口，所有上链操作以及从链上查询的数据都通过区块链服务接口实现，同时负责验证数据提供方以及查询方的身份信息校验。服务接口主要通过与 CA 服务进行交互验证后，识别当前操作者的身份，并提供用户身份校验、身份信息数据的上链、身份信息数据的更新、身份信息数据的查询、身份认证权限信息查询等服务，保障身份信息的可信任以及身份信息的传输安全。而身份认证服务主要通过与区块链的服务接口进行数据交互，获取身份认证所需要的必要信息，如用户密码、有效期等。

7.2.7.3 应用成效

本解决方案主要应用于解决行业级身份互信的壁垒，可以联合行业标杆企业作为信息互信基础设施进行推广应用，配套物联场景，促进身份区块链广泛应用，提高业务流量，创造衍生价值。

本次在某省电力公司试点应用的基于区块链技术的身份认证系统，其架构图如图 7 - 15 所示。该系统实现了身份信息数据的上链，以及基于区块链服务的认证。在原有服务架构

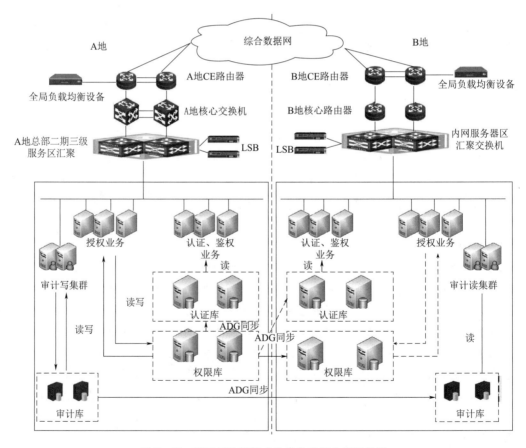

图 7 - 15　基于区块链技术的身份认证方案架构图

中, 采用"同城异地"双活部署架构, 需要使用到4套数据库、两套服务, 数据库建采用ADG或者OGG的同步方式, 使用负载均衡、全局负载均衡, 服务出现异常时, 还需要对数据库进行切换, 在切换期间, 授权服务可能会出现短时间的不可用, 导致用户数据无法及时入库等问题。

基于区块链的认证服务: 实现了天然灾备, 并且简化了部署构架, 同时不会因为某个节点服务异常, 导致服务不可用的情况, 完全保证服务真正7×24h运行, 同时节省了数据库服务资源, 降低硬件消耗。并且基于区块链不可篡改的特性, 提高了身份信息的安全性。

本基于区块链技术的身份认证解决方案实现了身份信息的数据上链, 完成了基本的系统认证集成, 在链上已有的基本的用户身份信息, 后期可以继续基于区块链技术, 打造用户数字身份证, 管理用户生物特征码, 实现全网的用户唯一身份凭证。基于区块链的认证服务网络图如图7-16所示。企业中所有系统都可以与用户凭证进行绑定, 如企业安保、企业应用、企业人脸识别, 实现企业用户的全方面监控, 保障用户行为可追踪。同时可以基于区块链平台, 打造跨企业的电子身份共享, 实现企业之间员工借调的线上授权管理、认证管理、权限管理以及行为审计, 解除信息孤岛, 实现数据直接共享、提升数据传输安全性。

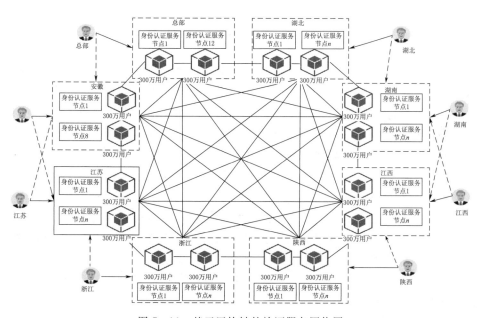

图7-16 基于区块链的认证服务网络图

第 8 章
电力区块链技术产业发展建议

当前，区块链产业处于发展初期，多数区块链技术发展仍停留在概念发展与架构搭建层面，底层技术的发展方向尚不确定，整体产业规模小，大规模应用化尚未形成，行业标准比较模糊。区块链技术在结构化数字、共识机制及监管等方面也存在很多问题或缺陷，依然存在安全风险，技术安全问题还需进一步解决。同时，电力能源系统环节众多，各环节区块链平台发展尚不完善，开发、使用存在较大困难。为了更好地推进电力区块链的快速发展和规模应用，大力拓展区块链在能源电力行业的新业务、新业态、新模式，建议从以下几方面进行着手。

8.1 加强产业协同、有效发挥区块链行业平台的作用

当前区块链技术尚未成熟，正面临着平台安全和应用安全等的严峻挑战。电力企业在发展电力区块链的过程中应该加强关键技术研发投入力度，注重安全管理，积极开展企业（包括大型电力企业与区块链初创企业内部之间）、高校、科研院所在关键技术、核心领域的联合开发、协同创新。注重对区块链底层和基础技术的研发与优化，加快共识机制、分布式存储、区块链数据库、跨链技术等核心技术的联合攻关，解决目前可扩展性不足的问题。电力企业牵头打造自主可控的区块链底层平台，使电力区块链成为国家能源区块链的基础设施，并形成行业级的区块链公共平台。与此同时，相关企业、高校、研究院所还需做好核心知识产权保护，争取在全球区块链核心技术竞争中占据优势地位。

电力企业加强区块链领域的技术研发活动的同时，还需要建设技术成果转化平台，积极推进成果应用的转化；做好相关领域人才储备，区块链底层架构设计需要具有学科复合型能力的人才，区块链业务开发则需要拥有丰富的行业开发经验，电力行业重点企业应加强与高校、科研院所等在人才培养领域的合作，建设区块链人才实训基地，进行关键人才联合培养，加快培养区块链专业技术人才，做好人才储备，不断完善电力区块链产业生态。

8.2 试点示范先行、形成成熟的电力区块链推广模式

当前，区块链在能源领域的应用尚不成熟，基于区块链的电力运营、电力金融、电力大数据、电力管理等领域的应用尚处于开发探索阶段。未来，区块链技术落地电网行

业，需要先聚焦典型应用需求，并推动一批区块链在电力行业典型领域的试点应用建设。以国家电网等大型央企牵头，与区块链初创企业紧密合作，共建实验平台，在一些已经初现应用价值的领域进行试点示范建设，不断探索形成成熟的区块链应用推广模式。加快区块链技术的二次重构，形成和电力系统深度融合的区块链架构，并从能源交易、能源金融、能源政务等典型业务场景切入，拓展完成更多成功的应用实例，以点带面，最终形成一批示范工程。

加强关键核心技术研发与应用推广，结合大数据、人工智能，充分发挥区块链去中心化、不可篡改、可追溯等特点，不断丰富电力区块链应用场景，推动区块链在电力大数据、新能源消纳、需求侧响应等方面的应用探索，逐步提升电力产业数字化水平。

8.3 加快标准制定、引导电力区块链应用高质量发展

区块链技术发展和应用的逐步推广需要标准化进行引导，通过制定相关标准有助于促进区块链健康、有序发展。标准的制定能够弥补区块链在安全性、可靠性等方面现存的不足，有利于进一步推动区块链实现大规模应用，助力企业开拓区块链市场空间。尤其是在电力行业，制定区块链相关标准体系，不仅能够打通电力区块链应用通道、提升应用效果，还能够提升我国在行业领域的国际话语权和行业标准制定主导权。

在标准制定过程中，标准研究机构、企业、高校、行业协会等组织应积极合作，多方参与，多元共建，形成完善的标准化组织体系。与此同时，在标准制定方面，行业龙头企业应该牵头进行行业标准与安全标准的研究制定，借助国家级战略对话机制，加强国际合作，积极参与国际标准的制定，提升我国在电力区块链领域的影响力和话语权。

标准制定应重点开展：电力能源区块链术语、数据格式、参考架构等基础标准；智能合约、共识机制等技术标准；电力能源交易、可再生能源消纳、电网管理与系统运营等应用标准；安全生产、隐私保护等安全和管理标准的制定。引导电力区块链技术向着科学合理、高质量、高水平方向发展。

8.4 注意安全防范、搭建区块链安全技术和保障体系

随着区块链技术应用的不断拓展，在展现出蓬勃生命力的同时，其自身的安全性问题也逐渐显露。区块链作为一种多学科交叉的复合新技术在各层次都面临理论和实践上的安全性威胁。区块链面临着理论模型与实际网络状况相差甚远的安全性分析挑战，它所包含的共识机制、智能合约等关键环节也缺乏安全性系统评估。与此同时，区块链底层所依赖的 Hash 函数、公钥加密算法等技术也面临着安全威胁，而区块链去中心化的匿名系统同样也缺乏有效监管。所有这些潜在风险导致各大交易平台被盗事件频发、智能合约漏洞凸显、匿名交易实施犯罪等安全事件层出不穷。电力行业企业在应用区块链技术的同时，需要密切关注技术漏洞，切实保障区块链全生态的安全。

相关企业需要搭建"自主创新的区块链安全技术和保障体系"，建立贯穿区块链全体系架构的安全系统，不断增强区块链自身安全能力，防止被攻击而造成重大损失。加强安全监管，建立有序的行业规范，积极促进安全标准建设，通过密码学、一致性共识算法、网络安全技术等技术手段，保护区块链系统中的数据、共识、内容、智能合约和隐私等的安全。

附录
基于专利的企业技术创新力评价思路和方法

1 研究思路

1.1 基于专利的企业技术创新力评价研究思路

构建一套衡量企业技术创新力的指标体系。围绕企业高质量发展的特征和内涵，按照科学性与完备性、层次性与单义性、可计算与可操作性、动态性以及可通用性等原则，从众多的专利指标中选取便于度量、较为灵敏的重点指标（创新活跃度、创新集中度、创新开放度、创新价值度），以专利数据为基础构建一套适合衡量企业创新发展、高质量发展要求的评价指标体系。

1.2 电力区块链技术领域专利分析研究思路

（1）在区块链技术领域内，制定技术分解表。技术分解表中包括不同等级，每一等级下对应多个技术分支。对每一技术分支做深入研究，以明确检索边界。

（2）基于技术分解表所确定的检索边界制定检索策略，确定检索要素（如关键词和/或分类号）。并通过科技文献、专利文献、网络咨询等渠道扩展检索要素。基于检索策略将扩展后的检索要素进行逻辑运算，最终形成区块链技术领域的检索式。

（3）选择多个专利信息检索平台，利用检索式从专利信息检索平台上采集、清洗数据。清洗数据包括同族合并、申请号合并、申请人名称规范、去除噪音等，最终形成用于专利分析的专利数据集合。

（4）基于专利数据集合，开展企业技术创新力评价，并在全球和中国范围内从多个维度展开专利分析。

2 研究方法

2.1 基于专利的企业技术创新力评价研究方法

2.1.1 基于专利的企业技术创新力评价指标选取原则

评价企业技术创新力的指标体系的建立原则围绕企业高质量发展的特征和内涵，从

众多的专利指标中选取便于度量、较为灵敏的重点指标来构建，即需遵循科学性与完备性、层次性与单义性、可计算性与可操作性、相对稳定性与绝对动态性相结合以及可通用性等原则。

1. 科学性与完备性原则

科学性原则指的是指标的选取和指标体系的建立应科学规范。包括指标的选取、权重系数的确定、数据的选取等必须以科学理论为依据，即必优先满足科学性原则。根据这一原则，指标概念必须清晰明确，且具有一定的、具体的科学含义同时，设置的指标必须以客观存在的事实为基础，这样才能客观反映其所标识、度量的系统的发展特性。同时，企业技术创新力评价指标体系作为一个整体，所选取指标的范围应尽可能涵盖企业高质量发展的概念与特征的主要方面和特点，不能只对高质量发展的某个方面进行评价，防止以偏概全。

2. 层次性与单义性原则

专利对企业技术创新力的支撑是一项复杂的系统工程，具有一定的层次结构，这是复杂大系统的一个重要特性。因此，专利支撑企业技术创新力发展的指标体系所选择的指标应具有也应体现出这种层次结构，以便于对指标体系的理解。同时，专利对于企业技术创新力发展的各支撑要素之间存在着错综复杂的联系，指标的含义也往往相互包容，这样就会使系统的某个方面重复计算，使评价结果失真。所以，专利支撑企业技术创新力发展的指标体系所选取的每个指标必须有明确的含义，且指标与指标之间不能相互涵盖和交叉，以保证特征描述和评价结果的可靠性。

3. 可计算性与可操作性原则

专利支撑企业技术创新力发展的评价是通过对评价指标体系中各指标反映出的信息，并采用一定运算方法计算出来的。这样所选取的指标必须可以计算或有明确的取值方法，这是评价指标选择的基本方法，特征描述指标无需遵循这一原则。同时，专利支撑企业技术创新力发展的指标体系的可操作性原则具有两层含义具体如下：①所选取的指标越多，意味着评价工作量越大，所消耗的资源（人力、物力、财力等）和时间也越多，技术要求也越高。可操作性原则要求在保证完备性原则的条件下，尽可能选择有代表性的综合性指标，去除代表性不强、敏感性差的指标；②度量指标的所有数据易于获取和表述，并且各指标之间具有可比性。

4. 相对稳定性与绝对动态性相结合的原则

专利支撑企业技术创新力发展的指标体系的构建过程包括评价指标体系的建立、实施和调整三个阶段。为保证这三个阶段上的延续性，又能比较不同阶段的具体情况，要求评价指标体系具有相对的稳定性或相对一致性。但同时，由于专利支撑企业技术创新力发展的动态性特征，应在评价指标体系实施一段时间后不断修正这一体系，以满足未来企业技术创新力发展的要求；另一方面，应根据专家意见并结合公众参与的反馈信息补充，以完善专利支撑企业技术创新力发展的指标体系。

5. 通用性原则

由于专利可按照其不同的属性特点和维度划分，其对于企业技术创新力发展的支撑作用聚焦在企业层面，因此，设计评价指标体系时，必须考虑在不该层面和维度的通用性。

2.1.2　基于专利的企业技术创新力评价指标体系结构

　　　　　　　　　　　指　标　体　系

一级指标	二级指标	三级指标	指　标　含　义	计　算　方　法	影响力
企业技术 创新力指数	创新 活跃度	专利申请数量	申请人目前已经申请的专利总量，越高代表科技成果产出的数量越多，基数越大，是影响专利申请活跃度、授权专利发明人数活跃度、国外同族专利占比、专利授权率和有效专利数量的基础性指标	/	5+
		专利申请 活跃度	申请人近五年专利申请数量，越高代表科技成果产出的速度越高，创新越活跃	近五年专利申请量	5+
		授权专利发明 人数活跃度	申请人近年授权专利的发明人数量与总授权专利的发明人数量的比值，越高代表近年的人力资源投入越多，创新越活跃	近五年授权专利发明人数量/总授权专利发明人数量	5+
		国外同族 专利占比	申请人国外布局专利数量与总布局专利数量的比值，越高代表向其他地域布局越活跃	国外申请专利数量/总专利申请数量	4+
		专利授权率	申请人专利授权的比率，越高代表有效的科技成果产出的比率越高，创新越活跃	授权专利数/审结专利数	3+
		有效专利数量	申请人拥有的有效专利总量，越多代表有效的科技成果产出的数量越多，创新越活跃	从已公开的专利数量中统计已授权且当前有效的专利总量	3+
	创新 集中度	核心技术 集中度	申请人核心技术对应的专利申请量与专利申请总量的比值，越高代表申请人越专注于某一技术的创新	该领域位于榜首的IPC对应的专利数量/申请人自身专利申请总量	5+
		专利占有率	申请人在某领域的核心技术专利总数除以本领域所有申请人在某领域核心技术的专利总数，可以判断在此领域的影响力，越大则代表影响力越大，在此领域的创新越集中	位于榜首的IPC对应的专利数量/该IPC下所有申请人的专利数量	5+
		发明人集中度	申请人发明人人均专利数量，越高则代表越集中	发明人数量/专利申请总数	4+
		发明专利占比	发明专利的数量与专利申请总数量的比值，越高则代表产出的专利类型越集中，创新集中度相对越高	发明专利数量/专利申请总数	3+

一级指标	二级指标	三级指标	指 标 含 义	计 算 方 法	影响力
企业技术创新力指数	创新开放度	合作申请专利占比	合作申请专利数量与专利申请总数的比值，越高则代表合作申请越活跃，科技成果的产出源头越开放	申请人数大于或等于 2 的专利数量/专利申请总数	5+
		专利许可数	申请人所拥有的专利中，发生过许可和正在许可的专利数量，越高则代表科技成果的应用越开放	发生过许可和正在许可的专利数量	5+
		专利转让数	申请人所拥有的有效专利中，发生过转让和已经转让的专利数量，越高则代表科技成果的应用越开放	发生过转让和正在转让的专利数量	5+
		专利质押数	申请人所拥有的有效专利中，发生过质押和正在质押的专利数量，越高则代表科技成果的应用越开放	发生过质押和正在质押的专利数量	5+
	创新价值度	高价值专利占比	申请人高价值专利数量与专利总数量的比值，越高则代表科技创新成果的质量越高，创新价值度越高	4 星及以上专利数量/专利总量	5+
		专利平均被引次数	申请人所拥有专利的被引证总次数与专利数量的比值，越高则代表对于后续技术的影响力越大，创新价值度越高	被引证总次数/专利总数	5+
		获奖专利数量	申请人所拥有的专利中获得过中国专利奖的数量	获奖专利总数	4+
		授权专利平均权利要求项数	申请人授权专利权利要求总项数与授权专利数量的比值，越高则代表单件专利的权利布局越完备，创新价值度越高	授权专利权利要求总项数/授权专利数量	4+

一级指数为总指数，即企业技术创新力指数。二级指数分别对应四个构成元素的指数，分别为创新活跃度指数、创新集中度指数、创新开放度指数、创新价值度指数；其下设置 4～6 个具体的核心指标，予以支撑。

2.1.3 基于专利的企业技术创新力评价指标计算方法

附表 2-2   指标体系及权重列表

一级指标	二级指标	权重	三 级 指 标	指标代码	指标权重
技术创新力指数	创新活跃度 A	0.3	专利申请数量	A_1	0.4
			专利申请活跃度	A_2	0.2
			授权专利发明人数活跃度	A_3	0.1
			国外同族专利占比	A_4	0.1

一级指标	二级指标	权重	三 级 指 标	指标代码	指标权重
技术创新力指数	创新活跃度 A	0.3	专利授权率	A_5	0.1
			有效专利数量	A_6	0.1
	创新集中度 B	0.15	核心技术集中度	B_1	0.3
			专利占有率	B_2	0.3
			发明人集中度	B_3	0.2
			发明专利占比	B_4	0.2
	创新开放度 C	0.15	合作申请专利占比	C_1	0.1
			专利许可数	C_2	0.3
			专利转让数	C_3	0.3
			专利质押数	C_4	0.3
	创新价值度 D	0.4	高价值专利占比	D_1	0.3
			专利平均被引次数	D_2	0.3
			获奖专利数量	D_3	0.2
			授权专利平均权利要求项数	D_4	0.2

如上文所述，企业技术创新力评价体系（即"F"）由创新活跃度（即"$F(A)$"）、创新集中度（即"$F(B)$"）、创新开放度（即"$F(C)$"）、创新价值度（即"$F(D)$"）等4个二级指标，专利申请数量、专利申请活跃度、授权发明人数活跃度、国外同族专利占比、专利授权率、有效专利数量、核心技术集中度、专利占有率、发明人集中度、专利占有率、发明人集中度、发明专利占比、合作申请专利占比、专利许可数、专利转让数、专利质押数、高价值专利占比、专利平均被引次数、获奖专利数量、授权专利平均权利要求项数等18个三级指标构成，经专家根据各指标影响力大小和各指标实际值多次讨论和实证得出各二级指标和三级指标权重与计算方法，具体计算规则如下文所述：

$$F＝0.3×F(A)＋0.15×F(B)＋0.15×F(C)＋0.4×F(D)$$

其中 $F(A)＝$（0.4×专利申请数量＋0.2×专利申请活跃度＋0.1×授权专利发明人数活跃度＋0.1×国外同族专利占比＋0.1×专利授权率＋0.1×有效专利数量）；

$F(B)＝$（0.3×核心技术集中度＋0.3×专利占有率＋0.2×发明人集中度＋0.2×发明专利占比）；

$F(C)＝$（0.1×合作申请专利占比＋0.3×专利许可数＋0.3×专利转让数＋0.3×专利质押数）；

$F(D)＝$（0.3×高价值专利占比＋0.3×专利平均被引次数＋0.2×获奖专利数量＋0.2×授权专利平均权利要求项数）。

各指标的最终得分根据各申请人在本技术领域专利的具体指标值进行打分。

2.2 电力区块链技术领域专利分析研究方法

2.2.1 确定研究对象

为了全面、客观、准确地确定本报告的研究对象，首先通过查阅科技文献、技术调研等多种途径充分了解电力信息通信领域关于区块链的技术发展现状及发展方向，同时通过与行业内专家的沟通和交流，确定了本报告的研究对象及具体的研究范围为：电力信通领域区块链技术。

2.2.2 数据检索

2.2.2.1 制定检索策略

为了确保专利数据的完整、准确，尽量避免或者减少系统误差和人为误差，本报告采用如下检索策略：

（1）以商业专利数据库为专利检索数据库，同时以各局官网为辅助数据库。

（2）采用分类号和关键词制定区块链技术的检索策略，并进一步采用申请人和发明人对检索式进行查全率和查准率的验证。

2.2.2.2 技术分解表

附表 2－3　　　　　　　　　区 块 链 技 术 分 解 表

一级分支	二 级 分 支	一级分支	二 级 分 支
区块链技术	基础概念	区块链技术	公有区块链
	密码学技术		私有区块链
	分布式存储		分布式账本
	智能合约		共识机制
	点对点传输		智能合约
	安全		跨链技术/跨链机制
	比特币		加密算法/密码学/密码算法

2.2.3 数据清洗

通过检索式获取基础专利数据以后，需要通过阅读专利的标题、摘要等方法，将重复的以及与本报告无关的数据（噪声数据）去除，得到较为适宜的专利数据集合，以此作为本报告的数据基础。

3 企业技术创新力排行第 1～50 名

附表 3－1　　　　电力信通区块链技术领域企业技术创新力第 1～50 名

申 请 人 名 称	综合创新指数	排名
中国电力科学研究院有限公司	78.3	1
北京汇通金财信息科技有限公司	75.9	2

申 请 人 名 称	综合创新指数	排名
国电南瑞科技股份有限公司	74.6	3
广东电网有限责任公司电力科学研究院	73.7	4
国网江苏省电力有限公司	72.2	5
国网信息通信有限公司	71.5	6
南京南瑞集团公司	69.2	7
北京科东电力控制系统有限责任公司	68.7	8
国网上海市电力公司	68.6	9
电子科技大学	68.3	10
上海交通大学	68.2	11
赫普科技发展（北京）有限公司	68.0	12
国网山东省电力公司电力科学研究院	67.2	13
全球能源互联网研究院	66.9	14
国网山东省电力公司	66.9	15
国网信息通信产业集团有限公司	66.5	16
中国南方电网有限责任公司	66.3	17
南京邮电大学	66.3	18
北京中电普华信息技术有限公司	66.2	19
北京握奇数据	66.2	20
北京国电通网络技术有限公司	65.8	21
许继电气股份有限公司	65.0	22
新奥科技发展有限公司	64.9	23
国网湖北省电力有限公司电力科学研究院	64.7	24
国网电力科学研究院有限公司	64.5	25
中国南方电网有限责任公司电网技术研究中心	64.4	26
广东电网有限责任公司信息中心	64.4	27
国网江苏省电力有限公司电力科学研究院	64.1	28
国网福建省电力有限公司	63.5	29
国网电子商务有限公司	63.5	30
广西电网有限责任公司	63.1	31
国网河南省电力有限公司电力科学研究院	62.6	32
珠海格力电器股份有限公司	62.3	33
国网浙江省电力有限公司	62.2	34
国网重庆市电力公司电力科学研究院	62.2	35

续表

申 请 人 名 称	综合创新指数	排名
上海电气分布式能源科技有限公司	62.2	36
许继集团有限公司	61.9	37
周锡卫	61.9	38
南方电网科学研究院有限责任公司	61.8	39
国网河南省电力公司信息通信公司	61.8	40
燕山大学	61.7	41
北京比特大陆科技有限公司	61.6	42
华北电力大学	61.5	43
广州供电局有限公司	61.5	44
国网冀北电力有限公司电力科学研究院	61.4	45
广东电网有限责任公司	61.2	46
广东电网有限责任公司电力调度控制中心	61.2	47
国网江苏省电力有限公司无锡供电分公司	60.4	48
国网能源研究院	60.3	49
国网天津市电力公司	60.3	50

4 相关事项说明

4.1 近期数据不完整说明

2019 年以后的专利申请数据存在不完整的情况,本报告统计的专利申请总量较实际的专利申请总量少。这是由于部分专利申请在检索截止日之前尚未公开。例如,PCT 专利申请可能自申请日起 30 个月甚至更长时间之后才进入国家阶段,从而导致与之相对应的国家公布时间更晚。发明专利申请通常自申请日(有优先权的,自优先权日)起 18 个月(要求提前公布的申请除外)才能被公布。以及实用新型专利申请在授权后才能获得公布,其公布日的滞后程度取决于审查周期的长短等。

4.2 申请人合并

附表 4-1 申 请 人 合 并

合 并 后	合 并 前
国家电网有限公司	国家电网公司
	国家电网有限公司

合 并 后	合 并 前
国网江苏省电力有限公司	江苏省电力公司
	国网江苏省电力公司
	国网江苏省电力有限公司
国网上海市电力公司	上海市电力公司
	国网上海市电力公司
云南电网有限责任公司电力科学研究院	云南电网电力科学研究院
	云南电网有限责任公司电力科学研究院
中国电力科学研究院有限公司	中国电力科学研究院
	中国电力科学研究院有限公司
华北电力大学	华北电力大学
	华北电力大学（保定）
	华北电力大学（北京）
ABB 技术公司	ABB 瑞士股份有限公司
	ABB 研究有限公司
	TOKYO ELECTRIC POWER CO
	ABB RESEARCH LTD
	ABB 服务有限公司
	ABB SCHWEIZ AG
NEC 公司	NEC CORP
	NEC CORPORATION
罗伯特·博世有限公司	BOSCH GMBH ROBERT
	ROBERT BOSCH GMBH
	罗伯特·博世有限公司
东京芝浦电气公司	东京芝浦电气公司
	OKYO SHIBAURA ELECTRIC CO
	TOKYO ELECTRIC POWER CO
富士通公司	FUJI ELECTRIC CO LTD
	FUJITSU GENERAL LTD
	FUJITSU LIMITED
	FUJITSU LTD
	FUJITSU TEN LTD
	富士通株式会社
佳能公司	CANON KABUSHIKI KAISHA

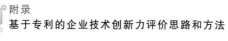

合　并　后	合　并　前
佳能公司	CANON KK
日本电气公司	NIPPON DENSO CO
	NIPPON ELECTRIC CO
	NIPPON ELECTRIC ENG
	NIPPON SIGNAL CO LTD
	NIPPON SOKEN
	NIPPON STEEL CORP
	NIPPON TELEGRAPH & TELEPHONE
	日本電気株式会社
	日本電信電話株式会社
日本电装株式会社	DENSO CORP
	DENSO CORPORATION
	NIPPON DENSO CO
东芝公司	KABUSHIKI KAISHA TOSHIBA
	TOSHIBA CORP
	TOSHIBA KK
	株式会社東芝
日立公司	HITACHI CABLE
	HITACHI ELECTRONICS
	HITACHI INT ELECTRIC INC
	HITACHI LTD
	HITACHI, LTD.
	HITACHI MEDICAL CORP
	株式会社日立製作所
三菱电机株式会社	MITSUBISHI DENKI KABUSHIKI KAISHA
	MITSUBISHI ELECTRIC CORP
	MITSUBISHI HEAVY IND LTD
	MITSUBISHI MOTORS CORP
	三菱電機株式会社
松下电器	MATSUSHITA ELECTRIC WORKS LT
	MATSUSHITA ELECTRIC WORKS LTD
西门子公司	SIEMENS AG
	Siemens Aktiengesellschaft

合　并　后	合　并　前
西门子公司	SIEMENS AKTIENGESELLSCHAFT
	西门子公司
住友集团	住友电气工业株式会社
	SUMITOMO ELECTRIC INDUSTRIES
富士电气公司	FUJI ELECTRIC CO LTD
	FUJI XEROX CO LTD
	FUJITSU LTD
	FUJIKURA LTD
	FUJI PHOTO FILM CO LTD
	富士電機株式会社
英特尔公司	INTEL CORPORATION
	INTEL CORP
	INTEL IP CORP
	Intel IP Corporation
微软公司	MICROSOFT TECHNOLOGY LICENSING LLC
	MICROSOFT CORPORATION
EDSA 微型公司	EDSA MICRO CORP
	EDSA MICRO CORPORATION
通用电气公司	GEN ELECTRIC
	GENERAL ELECTRIC COMPANY
	ゼネラル？エレクトリック？カンパニイ
	通用电气公司
	通用电器技术有限公司

4.3　其他约定

有权专利：指已经获得授权，并截止到检索日期为止，并未放弃、保护期届满、或因未缴年费终止，依然保持专利权有效的专利。

无权专利：①授权终止专利，即指已经获得授权，并截至到检索日期为止，因放弃、保护期届满、或因未缴年费终止等情况，而致使专利权终止的过期专利，这些过期专利成为公知技术。②申请终止专利，即指已经公开，并在审查过程中，主动撤回、视为撤回或被驳回生效的专利申请，这些申请后续不再具有授权的可能，并成为公知技术。

在审专利：指已经公开，进入或未进入实质审查，截至到检索日期为止，尚未获得授权，也未主动撤回、视为撤回或被驳回生效的专利申请，一般为发明专利申请，这些申请后续可能获得授权。

企业技术创新力排行主体：以专利的主申请人为计数单位，对于国家电网有限公司为主申请人的专利以该专利的第二申请人作为计数单位。

4.4 边界说明

为了确保本报告后续涉及的分析维度的边界清晰、标准统一等，对本报告涉及的数据边界、不同属性的专利申请主体（专利申请人）的定义做出如下约定。

（1）数据边界

地域边界：七国两组织：中国、美国、日本、德国、法国、瑞士、英国、WO❶ 和 EP❷。

时间边界：近 20 年。

（2）不同属性的申请人

全球申请人：全球范围内的申请人，不限定在某一国家或地区所有申请人。

国外申请人：排除所属国为中国的申请人，限定在除中国外的其他国家或地区的申请人。需要解释说明的是，由于中国申请人在全球范围内（包括中国）所申请的专利总量相对于国外申请人在全球范围内所申请的专利总量较多，为了凸显出在专利申请数量方面表现突出的国外申请人，因此作如上界定。

供电企业：包括国家电网有限公司和中国南方电网有限责任公司，以及隶属于国家电网有限公司和中国南方电网有限责任公司的国有独资公司包括供电局、电力公司、电网公司等。

非供电企业：从事投资、建设、运营供电企业等业务或者生产、研发供电企业产品/设备等的私有公司。需要进一步解释说明的是，由于供电企业在全球范围内（包括中国）所申请的专利总量相对于非供电企业在全球范围内所申请的专利总量较多，为了凸显出在专利申请数量方面表现突出的非供电企业，因此作如上界定。

电力科研院：隶属于国家电网有限公司或中国南方电网有限责任公司的科研机构。

---

❶ WO：世界知识产权组织（World Intellectual Property Organization 简称 WIPO）成立于 1970 年，是联合国组织系统下的专门机构之一，总部设在日内瓦。它是一个致力于帮助确保知识产权创造者和持有人的权利在全世界范围内受到保护，从而使发明人和作家的创造力得到承认和奖赏的国际间政府组织。

❷ EP：欧洲专利局（EPO）是根据欧洲专利公约，于 1977 年 10 月 7 日正式成立的一个政府间组织。其主要职能是负责欧洲地区的专利审批工作。